I0052000

revue la Couverture)

4633

FAUNE

DE LA

NORMANDIE

PAR

Henri GADEAU DE KERVILLE

I

MAMMIFÈRES

(AVEC UNE PLANCHE EN NOIR)

EXTRAIT

du *Bulletin de la Société des Amis des Sciences naturelles de Rouen*,
2ᵉ semestre 1887.

PARIS

LIBRAIRIE J.-B. BAILLIÈRE ET FILS

19, Rue Hautefeuille, 19

(Près du boulevard Saint-Germain)

1888

FAUNE

DE LA

NORMANDIE

MAMMIFÈRES

S
7 40
(1-2)

ROUEN. — IMPRIMERIE J. LECERF.

FAUNE

DE LA

NORMANDIE

PAR

 Henri GADEAU DE KERVILLE

I

MAMMIFÈRES

(AVEC UNE PLANCHE EN NOIR)

EXTRAIT

du *Bulletin de la Société des Amis des Sciences naturelles de Rouen*,
2ᵉ semestre 1887.

PARIS

LIBRAIRIE J.-B. BAILLIÈRE ET FILS

19, Rue Hautefeuille, 19

(Près du boulevard Saint-Germain)

1888

PRINCIPAUX TRAVAUX DU MÊME AUTEUR.

Les Insectes phosphorescents, avec 4 pl. chromolithographiées. Rouen, L. Deshays, 1881.

Les Insectes phosphorescents, Notes complémentaires et Bibliographie générale (Anatomie, Physiologie et Biologie). Rouen, J. Lecerf, 1887.

Comptes rendus des 19e, 20e, 21e, 22e, 23e et 24e réunions des Délégués des Sociétés savantes à la Sorbonne (Sciences naturelles), 1881, 1882, 1883, 1884, 1885 et 1886, in Bull. de la Soc. des Amis des Scienc. natur. de Rouen, 1er sem. des années 1881, 1882, 1883, 1884, 1885 et 1886. (L'avant-dernier avec 3 pl. en héliogravure et 1 pl. en couleur).

Recherches physiologiques et histologiques sur l'organe de l'odorat des Insectes, par Gustave Hauser, traduit de l'allemand, avec 1 pl. lithographiée, in Bull. de la Soc. des Amis des Scienc. natur. de Rouen, 1er sem. 1881.

Liste générale des Mammifères sujets à l'albinisme, par Elvezio Cantoni, traduction de l'italien et additions, in Bull. de la Soc. des Amis des Scienc. natur. de Rouen, 1er sem. 1882.

Les œufs des Coléoptères, par Mathias Rupertsberger, traduit de l'allemand, in Revue d'Entomologie, ann. 1882.

De l'action du mouron rouge sur les Oiseaux, in Compt. rend. hebdom. des séanc. de la Soc. de Biologie, n° 27, (séance du 8 juillet 1882).

De l'action du persil sur les Psittacidés, in Compt. rend. hebdom. des séanc. de la Soc. de Biologie, n° 3, (séance du 20 janvier 1883).

De l'action du persil sur les Psittacidés (nouvelles expériences et notes complémentaires). Rouen, L. Deshays, 1883.

De la structure des plumes et de ses rapports avec leur coloration, par le Dr Hans Gadow, traduit de l'anglais et annoté, avec 1 pl. lithographiée, in Bull. de la Soc. des Amis des Scienc. natur. de Rouen, 1er sem. 1883.

Sur la manière de décrire et de représenter en couleur les animaux à reflets métalliques, avec 1 fig. dans le texte, in Bull. de l'Associat. franç. pour l'Avancement des Sciences, Congrès de Rouen en 1883.

Mélanges entomologiques, 3 mémoires, 1er sem. 1883, 2e sem. 1883, et 1er et 2e sem. 1884, in Bull. de la Soc. des Amis des Scienc. natur. de Rouen, 1er sem. 1883, 2e sem. 1883, et 2e sem. 1884.

Les Myriopodes de la Normandie (1re liste), suivie de diagnoses d'espèces et de variétés nouvelles, par le Dr Robert Latzel, avec 1 pl. lithographiée, in Bull. de la Soc. des Amis des Scienc. natur. de Rouen, 2e sem. 1883.

Les Myriopodes de la Normandie (2e liste), suivie de diagnoses d'espèces et de variétés nouvelles (de France, Algérie et Tunisie), par le Dr Robert Latzel, in Bull. de la Soc. des Amis des Scienc. natur. de Rouen, 2e sem. 1885.

Addenda à la faune des Myriopodes de la Normandie, in Bull. de la Soc. des Amis des Scienc. natur. de Rouen, 1er sem. 1887.

Note sur une espèce nouvelle de Champignon entomogène (Stilbum Kervillei Quélet), avec 1 pl. en couleur, in Bull. de la Soc. des Amis des Scienc. natur. de Rouen, 2e sem. 1883.

Note sur un Orque épaulard pêché aux environs du Tréport, in Bull. de la Soc. des Amis des Scienc. natur. de Rouen, 1er sém. 1884.

De la reproduction de la Perruche soleil (Conurus solstitialis Less.) en France, in Bull. mensuel de la Soc. nation. d'Acclimatation de France, n° 7 (juillet) de 1884.

Note sur un Canard monstrueux appartenant au genre Pygomèle, avec 1 pl. lithographiée, in Journ. de l'Anatomie et de la Physiologie, n° 5 (septembre-octobre) de 1884.

Description de quatre Monstres doubles (2 Chats et 2 Poussins) appartenant aux genres Synote, Iniodyme, Opodyme et Ischiomèle, avec 1 pl. lithographiée, in Journ. de l'Anatomie et de la Physiologie, n° 4 (juillet-août) de 1885.

Descriptions de quelques espèces nouvelles de la famille des Coccinellidae, avec 1 pl. en couleur, in Annal. de la Soc. entomol. de France, ann. 1884.

Note sur l'albinisme imparfait unilatéral chez les Lépidoptères, in Annal. de la Soc. entomol. de France, ann. 1885.

Evolution et Biologie des Bagous binodulus Herbst et Galerucella nymphaeae L., in Annal. de la Soc. entomol. de France, ann. 1885.

Evolution et Biologie des Hypera arundinis Payk. et Hypera adspersa Fabr. (H. Pollux Fabr.), in Annal. de la Soc. entomol. de France, ann. 1886.

Note sur les Crustacés Schizopodes de l'Estuaire de la Seine, suivie de la description d'une espèce nouvelle de Mysis (Mysis Kervillei G.-O. Sars), par G.-O. Sars, avec 1 pl. gravée, in Bull. de la Soc. des Amis des Scienc. natur. de Rouen, 1er sem. 1885.

Note sur un hybride bigénère de Pigeon domestique et de Tourterelle à collier, suivie de la Récapitulation des hybrides uni- et bigénères observés jusqu'alors dans l'Ordre des Pigeons, in Bull. de la Soc. des Amis des Scienc. natur. de Rouen, 2e sem. 1885.

Aperçu de la Faune actuelle de la Seine et de son embouchure, depuis Rouen jusqu'au Havre, in 2e vol. de L'Estuaire de la Seine, par G. Lennier. Le Havre, impr. du journal Le Havre, 1885.

La Faune de l'Estuaire de la Seine, in Annuaire des cinq départements de la Normandie (Annuaire normand), Congrès de Honfleur en 1886.

Causeries sur le Transformisme. Paris, C. Reinwald, 1887.

Faut-il détruire nos Rapaces nocturnes ? Note de Zoologie pratique, in Bull. de la Soc. des Amis des Scienc. natur. de Rouen, 2e sem. 1887.

De la coloration asymétrique des yeux chez certains Pigeons métis, in Bull. de la Soc. des Amis des Scienc. natur. de Rouen, 2e sem. 1887.

Note sur la variation de forme des grains et des pepins, chez les Vignes cultivées de l'Ancien-Monde, avec 1 pl. lithographiée, in Bull. de la Soc. centrale d'Horticulture du départem. de la Seine-Inférieure, 4e cah. de 1887.

Les Animaux lumineux, avec de nombr. fig. dans le texte (Biblioth. scientif. contemporaine), Paris, J.-B. Baillière et fils, (en préparation).

Etc., etc.

N.-B. — Tous les travaux indiqués ci-dessus, publiés d'une façon dépendante, ont été tirés à part.

A MON PÈRE ET A MA MÈRE,

Grâce à vous, j'ai pu me consacrer entièrement aux études biologiques et philosophiques, qui depuis longtemps exercent sur moi une attraction puissante. Non-seulement vous m'avez donné pleine liberté de consacrer ma vie à ces captivantes études ; mais, dans votre grande et intelligente affection pour moi, vous me les avez facilitées par tous les moyens qui étaient en votre pouvoir. Je vous en témoigne ma très-vive reconnaissance, que le temps lui-même ne saurait altérer.

Permettez-moi de vous dédier ce laborieux travail, inspiré par mon amour sincère pour la province où je suis né, et acceptez-le comme un faible hommage de mon affection profonde.

FAUNE DE LA NORMANDIE

I

MAMMIFÈRES

(AVEC UNE PLANCHE EN NOIR)

INTRODUCTION A LA FAUNE DE LA NORMANDIE

> Celui qui veut faire un emploi sérieux
> de la vie doit toujours agir comme s'il
> avait à vivre longuement, et se régler
> comme s'il lui fallait mourir prochaine-
> ment.
> (E. Littré.) [1]

Aimer le pays qui vous a vu naître et grandir est, sans
nul doute, un sentiment des plus naturels ; mais si l'on a
passé dans ce pays une partie de son existence, entouré
d'affections, de relations sympathiques et d'agréables sou-
venirs, on éprouve alors pour lui un attachement des plus
grands, qui se traduit par le désir sincère de contribuer,
autant qu'on le peut, à sa prospérité et à sa gloire.

Normand aimant profondément ma Normandie, j'ai voulu,
par des travaux pacifiques, lui payer ma dette de reconnaissance, en contribuant, dans la mesure de mes moyens, aux

---

1. E. Littré. — *Dictionnaire de la Langue française*. Paris, Hachette
et Cⁱᵉ, 1877, t. III, p. I.

progrès de son histoire naturelle, tout en poursuivant mes études affectionnées de biologie et de philosophie.

Jusqu'alors, je n'ai publié que de très-modestes travaux sur la zoologie normande, et tiens à faire aujourd'hui une œuvre étendue et de quelque importance. Dans ce but, j'ai entrepris de rédiger une faune générale de la Normandie, qui sera l'inventaire des richesses zoologiques actuelles de notre chère province. La publication de cette faune — pour la rédaction de laquelle j'utiliserai tous les documents sérieux que je pourrai recueillir — exigera un certain nombre d'années, car les espèces animales qui vivent en Normandie sont en immense quantité, et les recherches zoologiques et bibliographiques toujours plus ou moins longues. En outre, cette faune devant paraître dans le Bulletin de la Société des Amis des Sciences naturelles de Rouen, dont les ressources pécuniaires sont assez limitées, je ne pourrai en publier chaque année qu'une partie relativement restreinte.

Sans aucun doute, cette faune renfermera de très-nombreuses lacunes, car il y a des groupes entiers d'animaux normands qui, jusqu'à ce jour, ont été fort peu étudiés ou même entièrement négligés; tels sont, entre autres : l'immense légion des Protozoaires, la plupart des ordres de l'embranchement des Cœlentérés et de celui des Vers, plusieurs ordres d'Articulés, etc. Quant aux autres groupes, seulement un petit nombre d'entre eux sont assez bien connus ; aussi, plusieurs générations de naturalistes pourront-ils facilement, en étudiant la faune de notre province, découvrir de nombreux animaux nouveaux pour notre région et faire d'intéressantes et utiles observations.

Peut-être aurais-je dû attendre quelques années encore avant de commencer la publication de cette faune, pour avoir des documents plus complets sur la zoologie normande, d'autant plus qu'aujourd'hui, où les sciences naturelles ont pris un grand et légitime développement, les travaux et notes sur le sujet en question se succèdent, de plus en plus nombreux. Mais, en dépit de tous ces travaux, c'est seulement dans un avenir assez éloigné que l'on pourra dresser la liste de toutes les espèces animales qui vivent en Normandie, liste qui, en réalité, ne pourra jamais être complète. Cette dernière considération m'a décidé à commencer dès cette année la publication de la faune actuelle de la Normandie, que j'enrichirai — soit en les intercalant à leur véritable place si la partie de la faune où ils doivent être indiqués n'est pas encore publiée, soit en Supplément — des renseignements utiles contenus dans les nombreux travaux et notes de zoologie normande, qui paraîtront jusqu'au temps, lointain encore, de son complet achèvement. J'espère que cette faune, par les renseignements et les observations qu'elle contiendra, ne sera pas inutile aux naturalistes, et que, dans l'avenir, elle servira de document indiquant quel était, à notre époque, l'état des connaissances sur la zoologie de la Normandie.

Je vais donner à présent des explications détaillées et justificatives sur les animaux qui devront figurer dans cette faune, sur la classification employée, sur l'absence complète de toute description et de tableaux dichotomiques, sur l'ordre suivi dans l'indication des divers renseignements, faits et observations relatifs à chaque espèce, sur les renseignements dont j'ai fait mention et sur ceux que j'ai cru devoir omettre, etc. ; en un mot, sur le plan et la disposition que j'ai adoptés pour ce laborieux travail.

Aujourd'hui, la Normandie se compose de cinq départements : la Seine-Inférieure, l'Eure, le Calvados, l'Orne et la Manche. Trois de ces départements sont littoraux : la Seine-Inférieure, le Calvados et la Manche ; deux d'entre eux, la Seine-Inférieure et l'Eure, sont traversés par un grand fleuve, la Seine, qui se jette dans la mer par un large estuaire ; enfin, tous les cinq ont des rivières plus ou moins importantes, des marais, des collines, de grandes forêts, des bois, des plaines, des champs, etc. Notre province possède donc des espèces marines, marino-fluviales, fluviales, stagnales et terrestres. Les espèces marines se divisent en trois groupes : les espèces littorales, pélagiques et abyssales; mais je ne signalerai dans cette faune que les espèces littorales, c'est-à-dire les espèces que l'on peut recueillir dans une zone littorale ne dépassant pas en largeur quelques kilomètres, car les espèces pélagiques et abyssales ne se rencontrent pas près des rivages, et, par conséquent, n'ont aucun droit de cité dans cet ouvrage. En résumé, la faune de la Normandie comprend à la fois une faune d'eau salée ou marine, une faune d'eau saumâtre ou marino-fluviale (faune de l'estuaire de la Seine[1], que mes recherches zoologiques m'ont fait diviser en faune d'eau saumâtro-salée et faune d'eau saumâtro-douce), une faune d'eau douce courante ou fluviale (fleuves, rivières, ruisseaux), une faune d'eau douce stagnante ou stagnale, et une faune terrestre.

Pour différents motifs, et, notamment, par suite de la rareté des documents, je ne parlerai pas dans ce travail de la faune des îles situées près des côtes normandes, telles que les îles Saint-Marcouf, île Pelée, île d'Aurigny, Guernesey, Jersey, îles Chausey, etc. — Ma Faune de la Normandie sera donc rigoureusement limitée aux cinq départements qui composent aujourd'hui cette province.

Ainsi que le font la généralité des auteurs, je laisserai entièrement de côté les animaux domestiques, parce que ces

1. Voir à ce sujet :

Henri Gadeau de Kerville :

Aperçu de la faune actuelle de la Seine et de son embouchure, depuis Rouen jusqu'au Havre, in L'Estuaire de la Seine, par G. Lennier. Le Havre, imprim. du journal Le Havre (E. Huslin), 1885, vol. II, p. 168. — (Tir. à part).

Note sur la faune actuelle de la Seine et de son embouchure, depuis Rouen jusqu'au Havre, av. 1 pl. en couleur indiquant la distribution topographique des animaux à l'embouchure de la Seine, dans mon Compte rendu de la 23e réunion des Délégués des Sociétés savantes à la Sorbonne, 1885, Sciences naturelles, av. 3 pl. en héliogravure et 1 pl. en couleur, in Bull. de la Soc. des Amis des Scienc. natur. de Rouen, 1er sem. 1885, p. 38, et pl. IV. —(Tir. à part, Rouen, J. Lecerf, 1885).

La faune de l'Estuaire de la Seine, in Annuaire des cinq départements de la Normandie, publié par l'Association normande. Congrès de Honfleur en 1886, Caen, 1887, p. 75. — (Tir. à part, Caen, H. Delesques, 1886).

animaux, provenant des diverses régions du globe, doivent
leur présence dans notre province à une cause purement
artificielle : l'introduction en vue de l'acclimatation et de
la domestication.

Quant à l'Homme, je l'exclus également de ma faune, car
ce Mammifère vit en Normandie, depuis de longs siècles, à
l'état exclusivement civilisé.

C'est donc l'innombrable quantité des espèces animales
se rencontrant uniquement à l'état sauvage en Normandie,
qui, à l'exclusion des divers animaux importés par l'Homme,
et de l'Homme lui-même, prendront place dans cette faune.

Je dois ajouter à ce propos, que selon moi, il faut entendre
par « espèces sauvages d'un pays » les espèces indigènes,
et celles qui viennent dans ce pays grâce à un moyen
naturel quelconque, sans le concours de l'Homme. En conséquence, il ne faut pas comprendre dans la faune d'un pays les
espèces importées par l'Homme, qui vivent dans ce pays à
l'état sauvage, ou, du moins, il faut les mentionner à part et
d'une façon toute spéciale.

Ici vient se poser tout naturellement la question suivante :
quelles sont les espèces animales sauvages que l'on doit con-
sidérer comme espèces normandes ? Sont-ce seulement les
espèces sédentaires ? Les espèces migratrices doivent-elles y
être comprises ? Enfin, doit-on mentionner celles dont la
présence y est purement accidentelle et plus ou moins
rare ?

Au premier abord, cette question, sujet de nombreuses
controverses, paraît assez embarrassante ; mais, selon moi,
il n'y a qu'une solution rationnelle à lui donner. En effet, il
est à peu près impossible de n'indiquer que les espèces sédentaires, car l'on éliminerait ainsi un très-grand nombre d'espèces migratrices, appartenant tout particulièrement aux classes
des Poissons et des Oiseaux, telles que : le Saumon commun,
les différentes espèces d'Oies, le Coucou gris, le Martinet
noir, etc., etc., lesquelles, vivant une partie de l'année dans
notre province, ont véritablement le droit d'être admises

dans cette faune. Mais, parmi les espèces migratrices, les unes viennent régulièrement tous les ans dans notre province, telles sont: la Bécasse commune, le Râle de genêt, le Torcol commun, la Huppe commune, les différentes espèces d'Hirondelles, la Pie-grièche écorcheur, etc., etc., tandis que d'autres y apparaissent irrégulièrement, à des intervalles d'années plus ou moins courts ou plus ou moins longs, comme le Requin bleu, la Grue cendrée, le Rollier commun, le Casse-noix commun, le Vautour fauve, la Buse pattue, etc, etc.

Mentionnant les espèces migratrices de passage régulier dans notre province, il est pour ainsi dire impossible de ne pas faire mention des espèces migratrices de passage irrégulier. En effet, si l'on indique les espèces nous visitant chaque année, l'on ne peut, en réalité, passer sous silence les espèces qui viennent chez nous à des intervalles de deux, trois, quatre, cinq ans, et celles que nous observons plus rarement, puisqu'il existe tous les degrés de transition entre les espèces migratrices de passage irrégulier, dans notre province, et les espèces que l'on y observe à des intervalles de temps plus ou moins éloignés, dont la présence accidentelle chez nous est due, soit à des hivers rigoureux, à des coups de vent ou à des tempêtes, qui les ont entraînées hors de leur habitat, comme le Plongeon lumme, l'Oie à cou roux, le Fou de Bassan, etc., soit à d'autres causes encore.

S'il est possible, bien que ce soit irrationnel et pratiquement difficile dans certains cas, de distinguer, pour une région donnée, les espèces à migration régulière des espèces à migration irrégulière, il est pour ainsi dire impossible de séparer les espèces à migration irrégulière des espèces dont l'apparition n'est que simplement accidentelle et n'a lieu qu'à des intervalles de temps plus ou moins longs. Aussi, après de nombreuses réflexions, j'ai pris le parti de mentionner dans cette faune toutes les espèces animales vivant à l'état sauvage, que l'on a observées en Normandie, n'y auraient-elles été rencontrées qu'une seule fois[1]. D'après cette résolution, j'ai dû indiquer les divers échouements et captures de Cétacés, qui ont eu lieu sur les rivages normands, et au sujet desquels j'ai pu avoir des renseignements précis. Il est vrai que, souvent, ces animaux arrivent morts et parfois même en décomposition sur le rivage, et que, par conséquent, ils n'ont pas vécu, ne serait-ce qu'un temps fort court, en Normandie. Toutefois, comme plusieurs de ces animaux étaient en vie au moment où ils furent pris, et qu'il serait puéril de vouloir faire une distinction, pour les inscrire ou non dans la faune normande, entre une espèce vivant encore et une autre qui était morte, au moment de leur prise, j'ai indiqué, *sans distinction*, les différentes espèces de Cétacés échoués et capturés sur les côtes de la Normandie, c'est-à-dire depuis le Tréport jusqu'à l'embouchure du Couesnon, dans la baie du Mont-Saint-Michel, en y joignant les renseignements principaux que j'ai pu me procurer à leur égard, certain que l'on ne me chicanera pas sur ce léger illogisme.

Je dois parler maintenant de la classification que j'ai adoptée pour l'énumération des espèces animales sauvages de la Normandie. Cette classification commence par les Mammifères, c'est-à-dire par les animaux les plus élevés en organisation, et, suivant une progression descendante au point de vue du degré de perfection des êtres, se termine par les Protozoaires les plus inférieurs, c'est-à-dire par les Amibes et les Monères[2], formes vivantes microscopiques, composées d'une simple masse de protoplasma, dont quelques-unes représentent la vie à son état le plus simple, telle

1. Il est bien évident qu'il s'agit ici des espèces animales sauvages venues *naturellement* en Normandie, et non des espèces exotiques qui ont pu s'échapper de jardins zoologiques ou de volières d'amateurs. Ces dernières ne devant, à aucun titre, figurer dans une faune régionale.

2. Plusieurs espèces d'Amibes sont extrêmement communes en Normandie, mais jusqu'alors, sans doute par suite du manque de recherches, on n'a pas signalé, que je sache, de Monères dans cette province.

qu'elle a dû apparaître sur notre globe refroidi, par la seule action de forces physico-chimiques, dans des conditions de milieu particulières, ignorées jusqu'à ce jour.

Selon moi, une telle classification de la série animale, qui énumère les êtres en suivant une progression descendante, relativement à leur degré de perfection, est défectueuse, car elle est en contradiction avec la marche qu'a suivie le développement des espèces animales et végétales à travers les périodes géologiques, depuis l'aurore de l'ère primaire jusqu'à l'époque actuelle.

D'après la doctrine transformiste, confirmée de plus en plus par les découvertes et les travaux récents, et qui, en dépit de ses adversaires, encore nombreux, finira par triompher complètement dans un avenir prochain, d'après cette doctrine, dis-je, les animaux et les plantes ont dû apparaître sur notre globe sous des formes d'une extrême simplicité, analogues aux Monères actuelles. Puis, avec la plus grande lenteur, ces formes primordiales se sont perfectionnées graduellement, en donnant successivement naissance à d'innombrables formes nouvelles, diversifiées à l'infini, lesquelles se sont éteintes à leur tour, laissant la place à d'autres formes, non pas de plus en plus perfectionnées au point de vue absolu, mais de mieux en mieux adaptées au milieu où elles devaient vivre et se reproduire. D'ailleurs, la paléontologie confirme excellemment la réalité de ce perfectionnement des espèces, car l'examen attentif des faunes qui se sont succédé sur notre globe, aux différentes périodes géologiques, prouve que d'une façon générale, il y a eu un perfectionnement progressif dans les règnes animal et végétal. En résumé, pour être en rapport avec la marche ascendante de ce perfectionnement général des animaux et des plantes, toute classification zoologique et botanique doit suivre une marche ascendante, c'est-à-dire énumérer les espèces en commençant par les plus inférieures et en terminant par les plus élevées en organisation.

Dans cette faune, j'ai dû, contre mon gré, commencer

par l'embranchement des Vertébrés, dont les espèces normandes sauvages sont assez bien connues, et non par celui des Protozoaires, si riche en espèces normandes, mais sur lesquelles nous n'avons encore, malheureusement, que des connaissances très-restreintes. D'ailleurs, pour rétablir dans cette classification la marche ascendante, la marche du simple au composé, qui est la marche normale de la nature, il suffit simplement de placer les noms des espèces, des genres, des familles, des ordres, etc., en sens inverse de leur énumération.

Relativement à la classification des embranchements, classes, ordres, familles, etc., j'ai adopté les noms et la disposition employés par les auteurs qui font autorité, lesquels, cependant, ne sont pas toujours d'accord sur la valeur de certains groupes, au point de vue systématique, et sur la place qu'il convient de leur assigner dans la classification de la série animale. Du reste, j'indiquerai, dans la préface placée en tête de chaque partie de cette faune, quels sont les ouvrages au courant des progrès de la science, auxquels j'aurai emprunté la classification des différents groupes, en y apportant parfois quelques modifications, et en évitant le plus possible l'emploi de certaines subdivisions, telles que : sous-ordres, sous-familles, sous-genres, sous-espèces, etc., qui, assez souvent, compliquent inutilement la classification.

Quand je me suis occupé de la rédaction de cet ouvrage, une question a été tout particulièrement le sujet de mes préoccupations : celle de ne point donner à cette faune des proportions trop grandes, tout en y indiquant les renseignements principaux. Evidemment, j'ai pensé d'abord à la partie systématique, à la partie descriptive.

Celui qui consulte un certain nombre des faunes publiées jusqu'à ce jour voit que les unes indiquent seulement les noms des espèces, en y ajoutant généralement quelques renseignements sur l'habitat, le degré de fréquence ou de rareté, etc., tandis que d'autres contiennent une description

plus ou moins complète de chaque espèce et de ses principales variétés, des tableaux dichotomiques permettant d'arriver à la détermination des espèces, de nombreux renseignements bibliographiques, biologiques, chorologiques, etc.,
les concernant, des renseignements généraux sur les classes,
ordres, familles, genres, etc., etc.; en un mot, l'ensemble
de tous les documents importants sur le sujet.

Si j'avais eu à faire un ouvrage ne traitant que des Vertébrés de la Normandie, c'est-à-dire de l'embranchement qui
est de beaucoup le mieux connu, je n'aurais pas hésité à
donner tous ces documents et descriptions utiles, de façon à
publier une histoire naturelle suffisamment complète des
Vertébrés de la Normandie. Mais le but que je me suis proposé d'atteindre est beaucoup plus éloigné. En effet, ce n'est
pas seulement de l'embranchement des Vertébrés dont j'ai à
m'occuper ici. Je dois faire connaître la faune générale de
la Normandie, et c'est, non à des centaines, mais à des milliers que s'élève le nombre des espèces qu'il me faudra
signaler.

Pour rédiger une faune normande dans laquelle ces innombrables espèces et leurs principales variétés seraient décrites,
même d'une façon succincte et sans tableaux dichotomiques
cependant toujours si utiles, et qui contiendrait, en outre, les
renseignements bibliographiques, biologiques, chorologiques, etc., les plus importants, relatifs à chaque espèce
et à ses principales variétés, il faudrait pouvoir disposer,
pendant un certain nombre d'années, du concours de nombreux spécialistes, et une telle faune formerait une longue
série d'importants volumes.

Ne pouvant songer à entreprendre un travail aussi considérable, et tenant à ce que mon ouvrage soit rédigé d'après
un plan unique, en accordant une importance sensiblement
la même à tous les groupes d'animaux, également intéressants au point de vue de la zoologie pure, dont je m'occupe
exclusivement dans cet ouvrage, je me suis vu forcé d'élimi-
ner complètement tout ce qui concerne la description et la

détermination des animaux, en indiquant seulement quelques sérieux ouvrages à l'aide desquels les naturalistes pourront nommer et classer les animaux normands.

Après avoir mûrement réfléchi, j'ai adopté la disposition suivante, qui me permettra de donner un certain nombre de renseignements et observations utiles sur chacune des espèces normandes, tout en restreignant cette faune aux limites qu'exige sa publication dans le Bulletin d'une Société scientifique de province, lesquelles ne possèdent pas habituellement de grandes ressources pécuniaires.

Voici l'ordre de ces différents paragraphes consacrés à chaque espèce :

1° Noms latin et français ;

2° Synonymes latins et français les plus habituellement employés ;

3° Noms vulgaires usités en Normandie ;

4° Bibliographie très-restreinte ;

5° Renseignements biologiques les plus importants ;

6° Distribution topographique en Normandie, et degré de fréquence ou de rareté de l'espèce dans cette province.

La synonymie latine et française, dans une faune quelque peu détaillée, ne devrait jamais être laissée de côté, eu égard à son incontestable utilité. En effet, dans les divers ouvrages, les animaux ne sont pas toujours désignés sous les mêmes noms, et le lecteur qui n'a pas sous les yeux la liste des synonymies est obligé de faire des recherches, parfois assez longues, et en tout cas fastidieuses, pour savoir si l'animal désigné sous tels noms dans tel ouvrage est bien le même que celui désigné sous tels autres noms dans tel autre ouvrage.

Outre qu'elle augmente un peu les proportions d'un travail, la partie synonymique lui donne, il est vrai, un certain cachet d'aridité ; mais une faune n'est pas une œuvre de vulgarisation ; on ne la lit point, on la consulte, comme on consulte une encyclopédie ou un dictionnaire, et il ne faut pas se préoccuper d'une légère augmentation et de l'aridité du texte, lorsqu'il s'agit d'indiquer des renseignements qui peuvent rendre des services réels. C'est ce que j'ai fait dans cet ouvrage où j'ai donné, non pas une synonymie latine complète, qui eût augmenté considérablement et sans grand profit ce travail faunique, mais, les noms latins et français synonymes les plus généralement usités, qui permettront, sauf de rares exceptions, d'établir très-facilement la concordance des noms employés dans les différents ouvrages. Pour les cas exceptionnels et douteux, le lecteur devra recourir aux ouvrages spéciaux qui renferment la synonymie complète des genres et des espèces, synonymie parfois décourageante par sa trop grande complexité, et qui rend singulièrement laborieux et difficiles les travaux des naturalistes s'occupant de la partie systématique des sciences naturelles.

Afin que le lecteur puisse trouver plus aisément les synonymes dont il a besoin, j'ai indiqué tous les synonymes génériques et spécifiques par ordre alphabétique, au lieu de les inscrire, comme l'ont fait beaucoup d'auteurs dans leurs ouvrages, d'après l'ordre de la date à laquelle ils furent établis et employés, ce qui est certainement plus correct au point de vue historique, point de vue auquel je n'ai pas d'ailleurs à me placer ici.

Dans nombre de faunes, les noms vulgaires ne sont pas indiqués. C'est là une omission regrettable, car ces noms peuvent être parfois fort utiles à connaître, lorsqu'on demande, par exemple, des renseignements sur un animal à des personnes — et le nombre en est très-grand — qui le connaissent seulement sous son nom commun. Pour éviter cette lacune, j'ai indiqué tous les noms vulgaires usités en Normandie, que j'ai trouvés dans les ouvrages et recueillis personnellement.

Relativement à la partie bibliographique, je l'ai réduite le plus possible, afin de ne pas dépasser les limites restreintes que je m'étais imposées. J'ai simplement indiqué, pour chaque espèce, quelques bons ouvrages avec lesquels on pourra obtenir la détermination des animaux normands et où l'on trouvera, plus ou moins nombreux et plus ou moins détaillés, d'autres renseignements utiles les concernant. J'ai l'espoir que, dans la plupart des cas, ces ouvrages suffiront pour la détermination rigoureuse des espèces animales normandes, et je renvoie les naturalistes qui auraient besoin de renseignements bibliographiques plus complets, aux ouvrages et aux travaux où la bibliographie est longuement et soigneusement traitée.

Le paragraphe consacré à la biologie, qui est le plus intéressant, est relativement un peu moins court que les autres, bien que forcément très-restreint. J'y ai condensé les renseignements principaux que j'ai pu recueillir sur chaque espèce dans les ouvrages, notes, etc., offrant des garanties d'exactitude, en y ajoutant parfois quelques observations personnelles. Ces renseignements, toujours énumérés dans le même ordre, sensiblement avec les mêmes expressions et sous une forme concise, paraîtront arides. Cette aridité, je l'ai voulue, estimant que les phrases courtes et indépendantes les unes des autres sont le meilleur moyen de présenter le plus clairement à l'esprit, et en peu de lignes, un certain nombre de renseignements importants.

Enfin, j'ai fait connaître, aussi exactement que je l'ai pu, et avec tous les détails nécessaires, la distribution topographique de chaque espèce en Normandie, et son degré de fréquence ou de rareté dans cette province, degré dont l'appréciation est souvent difficile.

Quant à la distribution géographique des espèces, je l'ai complètement passée sous silence, car les questions chorologiques ne seraient pas à leur place dans un travail faunique concernant, comme le mien, une si infime fraction de notre globe.

A la fin de chaque classe ou de chaque ordre, suivant leur importance, je donnerai une bibliographie, aussi complète que possible, de tous les ouvrages, mémoires, notes et renseignements relatifs aux animaux sauvages normands appartenant à la classe ou à l'ordre publié. Cette bibliographie se composera spécialement des travaux originaux de zoologie

9

pure, car il serait inutile d'y faire entrer tous les travaux que leurs auteurs ont composés en reproduisant les documents originaux, qui sont incontestablement les plus importants et ceux auxquels on devrait toujours avoir recours, puisqu'ils sont l'expression la plus exacte du résultat des recherches et de la pensée de l'auteur. A la suite de chaque bibliographie spéciale se trouvera une table alphabétique renfermant les noms génériques et spécifiques, latins et français, employés dans cette faune pour la désignation des espèces, ainsi que les noms vulgaires; la synonymie latine et française n'y figurera pas, afin de ne point donner à cette table une trop grande extension.

J'ajouterai qu'une bibliographie générale, composée de la réunion des bibliographies spéciales, terminera ma faune de la Normandie, et que, dans un Supplément à cette faune, je mentionnerai les découvertes récentes d'espèces nouvelles pour cette province, comblerai les lacunes, réparerai les omissions, rectifierai les erreurs, etc., en un mot, dans lequel je réunirai tous les documents de quelque intérêt qui n'auront pu être consignés dans les suppléments partiels ajoutés, si besoin est, à la fin de chaque groupe important.

Telle est la disposition que j'adopterai en rédigeant les différentes parties de mon laborieux et consciencieux travail.

Si j'ai donné des renseignements et des explications aussi détaillés, c'est parce que je tenais à faire connaître, d'une manière précise, le pourquoi et le comment de cet ouvrage, et que, de plus, je voulais aller au-devant de certaines critiques, légitimes au premier abord, mais qui n'auront plus leur raison d'être quand le motif et le but modeste de cette faune seront exactement connus.

L'auteur scientifique doit fournir au lecteur des éclaircissements sur l'œuvre qu'il lui présente; de son côté, le lecteur ne devrait jamais négliger de lire l'introduction, dans laquelle l'auteur consigne habituellement ces éclaircissements. En agissant ainsi, le lecteur comprendrait souvent mieux l'ouvrage qu'il lit ou consulte, et ne s'exposerait pas à reprocher à l'auteur certaines lacunes ou omissions, volontaires de la part de ce dernier, et au sujet desquelles il s'est justifié au commencement de son travail.

Quelques lignes encore avant de terminer.

En matière scientifique, on ne saurait jamais être trop exact, trop précis, trop minutieux, dans les recherches et observations, et dans la publication de leurs résultats. Aussi, voulant éviter les erreurs, autant que cela est possible, je ferai revoir les manuscrits terminés des différentes parties de cette faune par des zoologistes très-compétents, qui lui donneront ainsi un cachet d'exactitude et une certaine autorité.

Malgré tout le soin apporté dans la rédaction, la révision et les détails de publication, il est malheureusement impossible qu'il ne se trouve pas, dans un travail aussi étendu, des omissions, des inexactitudes et des erreurs. Je prie instamment les lecteurs qui les remarqueront de vouloir bien me les signaler, afin que je puisse les réparer, et je leur adresse par avance, pour leurs critiques si utiles, l'expression de ma sincère reconnaissance.

Bien qu'il soit toujours téméraire d'engager l'avenir insondable pour un certain nombre d'années, quels que soient l'âge et la santé de l'auteur, j'espère, néanmoins, pouvoir mener à bonne fin ma laborieuse entreprise. Quoi qu'il advienne, et en admettant même qu'une circonstance exceptionnelle m'empêche de terminer cette faune de la Normandie, les parties publiées, contenant chacune un ou plusieurs groupes complets, auront toujours, par cela même, un certain intérêt et une certaine utilité, qui seront reconnus, peut-être, par des naturalistes bienveillants.

PRÉFACE DE LA FAUNE DES MAMMIFÈRES
DE LA NORMANDIE

En dehors de l'*Essai sur l'Histoire naturelle de la Normandie*, par Chesnon[1], ouvrage paru en 1834, et qui renferme de nombreuses lacunes, inévitables à cette époque déjà lointaine où les sciences naturelles étaient malheureusement trop négligées, aucun mémoire d'ensemble n'a été publié sur la faune mammalogique de cette province. Seuls différents travaux, dont la plupart concernent les échouements et captures de Cétacés sur les côtes normandes, constituent, avec l'ouvrage que je viens de citer, toute la bibliographie de cette faune. N'est-il pas vraiment regrettable que les naturalistes de notre région se soient occupés si peu de cette classe d'animaux, de beaucoup la plus importante, qui, dans d'autres parties de la France, a été le sujet de patientes et habiles recherches, de précieuses observations et de savants travaux !

Grâce aux quelques mémoires et aux notes publiés sur les Mammifères normands, aux matériaux de plusieurs collections que j'ai moi-même étudiés en partie, à d'utiles renseignements complaisamment fournis par des savants expérimentés et des personnes obligeantes, et à mes recherches personnelles, dirigées particulièrement sur les Chiroptères, il m'a été possible d'établir la faune mammalogique de la Normandie. Cette faune, comme toutes les faunes publiées, n'est pas complète, et des recherches persévérantes feront découvrir sans doute dans notre province des espèces de Mammifères sauvages qui, jusqu'à ce jour, n'y ont point

1. Voir la Bibliographie donnée à la fin de ce travail.

encore été signalées; toutefois, je crois qu'elle peut donner une idée, assez voisine de la réalité, des richesses mammalogiques de la Normandie.

Pour la rédaction de cette faune, je me suis servi d'un certain nombre de travaux sérieux, et, notamment, de l'excellente et très-utile histoire naturelle des Mammifères de la France, à laquelle j'ai emprunté à peu près entièrement la nomenclature et la classification adoptées par son auteur, le Dr E.-L. Trouessart[1]. Ce naturaliste distingué, d'une très-grande compétence dans toutes les questions mammalogiques, a bien voulu revoir le manuscrit de cette faune des Mammifères normands. Je le prie de recevoir ici, pour l'intérêt qu'il a témoigné à cette œuvre modeste, l'expression de ma profonde gratitude.

Le nombre des espèces de Mammifères sauvages dont la présence en Normandie a été dûment constatée, s'élève aujourd'hui à 59, ainsi réparties dans les différents ordres : Chiroptères, 13; Insectivores, 6; Rongeurs, 14; Carnivores, 11; Pinnipèdes, 1; Porcins, 1; Ruminants, 2; et Cétacés, 11. Deux espèces de ce dernier ordre, le Marsouin commun et le Dauphin commun, vivent normalement sur les côtes de cette province; une troisième espèce, le Dauphin souffleur, s'y rencontre accidentellement, et les huit autres ne viennent sur les côtes normandes que d'une façon exceptionnelle.

En outre, j'ai indiqué, à titre provisoire, une espèce d'Insectivore, la Crocidure leucode, et une espèce de Rongeur, le Loir commun, espèces que des recherches persévérantes feront probablement découvrir en Normandie, dans un temps plus ou moins prochain.

Il me paraît intéressant d'établir, à ce sujet, un parallèle entre le nombre des espèces sauvages citées par Chesnon en 1834 et par moi en 1888. Voici ces nombres pour chaque ordre, le premier des deux étant celui des espèces que Chesnon a signalées : Chiroptères (5—13); Insectivores

1. Voir p. 138.

(1—6) ; Rongeurs (9—14) ; Carnivores (10—11) ; Pinnipèdes (1—1) ; Porcins (1—1) ; Ruminants (2—2) ; Cétacés (4—11) ; total (36—59). Relativement aux espèces de l'ordre des Cétacés, le parallèle ne peut pas être rigoureusement établi, car Chesnon n'a pas donné les noms de toutes les espèces trouvées sur les côtes normandes, tandis que je les indique spécifiquement.

Avant de terminer cette courte préface, je tiens à témoigner ma reconnaissance très-sincère à MM. Charles Bouchard, de Gisors (Eure) ; Ernest Bucaille, de Rouen ; A. Duquesne, de Pont-Audemer (Eure) ; Raoul Fortin, de Rouen ; Dr H.-P. Gervais, de Paris ; P. Joseph-Lafosse, de Saint-Côme-du-Mont (Manche) ; Henri Jouan, de Cherbourg ; E. Labsolu, d'Argueil (Seine-Inférieure) ; Théodore Lancelevée, d'Elbeuf ; Fernand Lataste, de Paris ; A. Levoiturier, d'Orival (Seine-Inférieure) ; Louis Müller, de Rouen ; Pierre Noury, d'Elbeuf ; Alfred Poussier, de Rouen ; Eugène Niel, de Rouen ; qui, avec une grande obligeance, m'ont fourni de précieux renseignements et d'utiles matériaux, relatifs aux Mammifères de la Normandie.

ABRÉVIATIONS ET SIGNE CONVENTIONNEL.

T. C. — Très-commun.

C. — Commun.

A. C. — Assez commun.

P. C. — Peu commun.

A. R. — Assez rare.

R. — Rare.

T. R. — Très-rare.

★ — Espèce qui probablement se trouve en Normandie, mais dont la présence n'y a pas encore été constatée d'une manière certaine.

1er Embranchement.

VERTEBRATA — VERTÉBRÉS.

Jre Classe. *MAMMALIA* — MAMMIFÈRES.

1er Ordre. *CHIROPTERA* — CHIROPTÈRES.

1re Famille. *RHINOLOPHIDAE* — RHINOLOPHIDÉS.

1er Genre. *RHINOLOPHUS* — RHINOLOPHE.

1re Espèce. **Rhinolophus ferrum-equinum** Schreb. — Rhinolophe grand fer-à-cheval.

Rhinolophus unihastatus E. Geoffr.

Rhinolophe unifer.

Chauve-souris grand fer-à-cheval ; Grand fer-à-cheval.

Bert[1]. — *Catal. des Animaux Vertébrés de l'Yonne*, p. 29 ; tir. à part[2], p. 5.

---

1. Paul Bert. — *Catalogue des Animaux Vertébrés de l'Yonne*, in Bull. de la Soc. des Science. histor. et natur. de l'Yonne, ann. 1864, t. XVIII, 2e part., p. 7. — Tir. à part : *Catalogue méthodique des Animaux Vertébrés qui vivent à l'état sauvage dans le département de l'Yonne, avec la clef des Espèces et leur diagnose*. Paris, V. Masson et fils, 1864.

---

2. L'obligation que j'ai d'indiquer dans ma Faune, pour cet ouvrage, et d'autres encore, deux paginations différentes : celle du recueil où il a été publié et celle du tirage à part, obligation dans laquelle se trouvent fréquemment les personnes ayant à fournir des renseignements bibliographiques, et qui amène une complication regrettable pouvant être facilement évitée, m'a depuis longtemps suggéré diverses réflexions que je désire exprimer ici :

Celui qui consulte une quantité de tirages à part de travaux scientifiques s'aperçoit qu'un certain nombre d'entre eux ont une pagination spéciale, différant de celle qu'ils ont dans les recueils où ils figurent. A mon sens, il n'y a aucun motif sérieux et utile pour mettre une pagination nouvelle, une pagination spéciale, qui présente les inconvénients suivants :

1° D'obliger les imprimeurs à remanier complètement la pagination de la table ou des tables qui se trouvent généralement à la fin des mémoires scientifiques, remaniement dispendieux, pendant lequel des erreurs peuvent facile-

De la Fontaine[1].—*Faune du pays de Luxembourg, Mammifères*, p. 10.

Fatio[2]. — *Faune des Vertébrés de la Suisse, Mammifères*, p. 34 et 97.

Gentil[3]. — *Mammalogie de la Sarthe*, p. 18 ; tir. à part, p. 4.

Trouessart[4]. — *Hist. natur. de la France, Mammifères*, p. 16 et 17; fig. 1 et 2.

Le Rhinolophe grand fer-à-cheval habite toute l'année les grottes, les cavernes, les carrières souterraines, les souterrains, les vieux bâtiments, etc. Son sommeil hibernal est long et profond. Il dort enveloppé dans ses ailes, qui font l'office de manteau, la queue rejetée en arrière sur le dos. Il hiverne soit isolément, soit en très-petit nombre, assez souvent en petites troupes, et parfois en très-nombreuse société (j'ai pu constater ce fait, déjà bien connu, dans des carrières souterraines, aux environs de Pont-Audemer (Eure), où, par deux fois, j'ai compté plus de cent soixante et plus de cent soixante-dix individus de cette espèce,

1. Alphonse de la Fontaine.—*Faune du pays de Luxembourg ou Manuel de Zoologie contenant la description des Animaux Vertébrés observés dans le pays de Luxembourg. Mammifères*, 1re partie. Luxembourg, V. Buck, 1868.

2. Victor Fatio. — *Faune des Vertébrés de la Suisse. Vol. I. Histoire naturelle des Mammifères*, av. 8 pl. dont 5 color. Genève et Bâle, H. Georg; Paris, J.-B. Baillière et fils; 1869.

3. Ambroise Gentil. — *Mammalogie de la Sarthe*, in Bull. de la Soc. d'Agricult., Scienc. et Arts de la Sarthe, ann. 1881 et 1882, 1er fasc., p. 15. Tir. à part, Le Mans, E. Monnoyer, 1881.

4. E.-L. Trouessart. — *Histoire naturelle de la France*, 2e partie, *Mammifères*, av. de nombr. figur. dans le texte. Musée scolaire Deyrolle. Paris, E. Deyrolle.

ment être faites, d'autant plus que l'auteur s'en rapporte généralement, pour ce travail, à l'imprimeur, et ne vérifie pas lui-même la nouvelle pagination.

2° D'obliger les auteurs à indiquer une double pagination pour les tirages à part en question, puisqu'on peut recourir, soit au recueil où le mémoire figure, soit au tirage à part de ce mémoire. — Je ne compte pas les inter-

accrochés par les pattes, la tête en bas[1], à côté les uns des autres, au plafond des chambres de ces carrières). Le Rhinolophe grand fer-à-cheval est l'un des premiers, de nos différentes espèces de Chiroptères indigènes, à sortir de sa retraite au commencement du printemps, et se retire dans sa demeure en automne, pour hiverner. Il vole assez tard dans la nuit, à la recherche de sa nourriture, le long des chemins et des allées d'arbres, à la lisière des bois, près des carrières et des bâtiments, etc. Son vol est rapide, quoique bas et lourd. Sa nourriture se compose d'Insectes. La femelle ne fait annuellement qu'une portée de un ou deux petits, jamais de plus.

Chez nos différentes espèces indigènes de Chiroptères, l'accouplement a lieu généralement avant le commencement du sommeil hibernal, pendant la durée duquel on rencontre des spermatozoïdes en abondance dans les organes génitaux des femelles. Selon Ed. van Beneden, l'œuf, après avoir été fécondé, subit un long repos avant de commencer son développement. Au contraire, pour Eimer, Benecke et Fries, la fécondation n'a lieu qu'au moment où l'animal sort du

---

1. Cette position verticale est la position habituelle des Chauves-souris au repos; toutefois, certains individus, généralement des petites espèces, dorment aussi le corps reposant sur la face ventrale, blottis dans d'étroites fissures ou dans des trous situés dans les parois des carrières souterraines, des cavernes, etc.

---

positions et par suite les erreurs qui peuvent résulter de cette complication.

3° D'obliger les bibliographes à de longues et fastidieuses recherches, pour indiquer, dans leurs travaux, la pagination d'un mémoire publié dans un recueil quelconque, lorsqu'ils n'ont entre les mains qu'un tirage à part, avec pagination nouvelle, du mémoire en question, ou réciproquement, lorsqu'ils ont seulement le recueil où est inséré le mémoire, en ignorant si le tirage à part qui en a été fait possède la même pagination que celle du recueil, ou une pagination spéciale.

Quant aux avantages sérieux que peut présenter une pagination nouvelle pour les tirages à part, je n'en connais aucun. Sans doute, une pagination nouvelle peut donner, au premier abord, à un mémoire inséré dans le recueil d'une Société, l'aspect d'un ouvrage publié d'une façon indépendante, d'autant plus que certains auteurs font inscrire sur la couverture de leurs

sommeil hibernal. H.-A. Robin[1] a cru pouvoir conclure de faits qu'il avait observés que si, en général, un premier accouplement a lieu avant l'hiver, de nouveaux coïts peuvent se produire pendant les intervalles d'activité qu'amènent les beaux jours d'hiver, ou même au printemps, après le sommeil hibernal. Cet accouplement tardif paraît même être de beaucoup le plus fréquent chez le *Rhinolophus ferrum-equinum* Schreb.

La durée de la gestation est de cinq à six semaines. La parturition a lieu généralement en avril, mai ou juin. Les petits, après leur naissance, s'accrochent à leur mère avec leurs ongles, pour la téter, et ne la quittent pas. A l'âge de deux mois, les jeunes sont assez grands pour vivre seuls, mais ils ont une taille plus petite que celle de leurs parents; ils ne se reproduisent que l'année suivante.

Toute la Normandie. — T. C.

1. Mon excellent et distingué ami, H.-A. Robin, enlevé, à l'âge de vingt-cinq ans, aux sciences biologiques qu'il avait déjà servies avec talent, a fait un intéressant résumé de cette question dans une note intitulée : *Sur l'époque de l'accouplement des Chauves-souris*, in Bull. de la Soc. philomathique de Paris, 7e sér., t. IV, 1880-1881, n° 2, p. 88.

---

tirages à part le nom d'un éditeur; mais la moindre attention décèle la véritable origine de la publication du mémoire, car les Sociétés scientifiques exigent, avec beaucoup de raison, que les tirages à part des mémoires qu'elles publient fassent mention du nom de la Société et du numéro du recueil d'où ils émanent.

Le seul avantage, insignifiant d'ailleurs, consiste en ce que le nombre inscrit sur la dernière page des tirages à part ayant une pagination spéciale, indique le nombre exact de pages du mémoire, tandis que pour les tirages à part des mémoires où est conservée la pagination qu'ils avaient dans les publications des Sociétés, il faut, si l'on veut obtenir le nombre exact de pages du mémoire tiré à part, soustraire le nombre indiqué sur la première page du nombre indiqué sur la dernière, en ajoutant une unité au résultat obtenu. D'ailleurs, rien n'est plus facile que d'obvier à ce léger inconvénient. Il suffit pour cela d'indiquer sur la dernière page du tirage à part le nombre exact de pages du mémoire.

Dans le cas d'un mémoire inséré à la première page du recueil d'une Société, cette indication devient évidemment inutile; mais ces cas se présentent seulement d'une façon accidentelle, car, en général, les publications des Sociétés commencent, soit par les procès-verbaux des séances, soit par

2. **Rhinolophus hipposideros** Bechst. — Rhinolophe petit fer-à-cheval.

Rhinolophus bihastatus E. Geoffr.
Vespertilio hippocrepis Herm.; *V. minutus* Mont.

Rhinolophe bifer.

Chauve-souris petit fer-à-cheval; Petit fer-à-cheval.

BERT. — *Op. cit.*, p. 29; tir. à part, p. 5.
DE LA FONTAINE. — *Op. cit.*, p. 10.
FATIO. — *Op. cit.*, p. 37 et 97; pl. III, fig. 2, 3 et 5.
GENTIL. — *Op. cit.*, p. 18 et 19; tir. à part, p. 4 et 5.
TROUESSART. — *Op. cit.*, p. 17 et 18; fig. 3 et 4.

Le Rhinolophe petit fer-à-cheval habite toute l'année les mêmes endroits et a le même genre de vie que le Rhinolophe

la liste des Membres, etc. J'ajouterai qu'un tirage à part possédant une pagination normale présente une difficulté au bibliographe, qui doit rechercher si le texte de ce tirage à part commence en tête du recueil où il a paru, ou si ce tirage à part possède une pagination spéciale.

Enfin, le fait qu'un tirage à part ne présente pas la pagination normale d'un livre, mais une pagination commençant par un nombre quelconque — celui de la page correspondant à celle du recueil où il figure — ne saurait avoir d'importance que pour les amis d'une routine qu'il serait profitable, à tous égards, d'abandonner immédiatement d'une façon complète et définitive. D'ailleurs, l'expression même de *tirage à part* d'un mémoire indique, en quelque sorte, que ce tirage doit être identique, en tous points, au mémoire inséré dans un recueil.

Cette routine, qui, heureusement, a été abandonnée par un certain nombre d'auteurs, donne lieu parfois à des anomalies évidentes. Ainsi, il existe des tirages à part pourvus d'une pagination spéciale, mais dont on a conservé les numéros que portent les planches dans le recueil, de telle sorte qu'un tirage à part possède comme pagination, par exemple : pages 1 à 65, et pl. VII et VIII; le remaniement ayant été fait seulement pour la pagination, et non pour le numérotage des planches.

D'autres auteurs indiquent à la fois, sur chaque page, une double pagination : celle du recueil où figure le mémoire et une pagination normale, complication absolument inutile; etc., etc.

En résumé, l'identité absolue, comme texte, pagination, numérotage des planche et des figures, etc., offre de très-grands avantages, évite des complications et des erreurs, et ne présente aucun inconvénient sérieux. Il est donc à souhaiter que cette identité soit adoptée le plus tôt possible par la totalité des auteurs.

grand fer-à-cheval. Il vit isolément, par petits groupes, ou en compagnies plus ou moins nombreuses (on a trouvé des sociétés de cette espèce composées de plusieurs centaines et même de plusieurs milliers d'individus). Il se montre dès le commencement du printemps et se retire dans sa demeure en automne, pour hiverner. Il vole assez tard dans la nuit et ne s'écarte que peu de sa retraite. Son vol est bas et lent. Sa nourriture se compose d'Insectes. La femelle ne fait annuellement qu'une portée de un ou deux petits, jamais de plus. La durée de la gestation, l'époque de la parturition et les principaux traits de la biologie des petits sont brièvement indiqués à la p. 140.

Toute la Normandie. — T. C.

2ᵉ Famille. *VESPERTILIONIDAE* — VESPERTILIONIDÉS.

1ᵉʳ Genre. *PLECOTUS* — OREILLARD.

1. **Plecotus auritus** L. — Oreillard commun.

Vespertilio brevimanus Fisch.; *V. cornutus* Faber; *V. minor* Briss.; *V. otus* Boie.
Plecotus communis Less.; *P. vulgaris* Desm.

Oreillard d'Europe; O. ordinaire; O. vulgaire.
Vespertilion oreillard.

Chauve-souris oreillard; Oreillard.

BERT. — *Op. cit.*, p. 29; tir. à part, p. 5.
DE LA FONTAINE. — *Op. cit.*, p. 16.
FATIO. — *Op. cit.*, p. 42 et 97; pl. III, fig. 10.
GENTIL. — *Op. cit.*, p. 20; tir. à part, p. 6.
TROUESSART. — *Op. cit.*, p. 23; fig. p. 5 et fig. 8 (double).

L'Oreillard commun habite, pendant la belle saison, les arbres creux, les vieux bâtiments, les hangars, les celliers, les écuries, les étables, etc., se rapprochant volontiers des habitations humaines, et hiverne dans les grottes, les cavernes, les carrières souterraines, les souterrains, les caves, etc. Son sommeil hibernal est long et assez profond. Lorsqu'il dort, ses énormes oreilles sont rabattues le long du corps, entre ce dernier et l'avant-bras ; elles sont presque entièrement cachées par l'aile et ne laissent voir que l'oreillon. Ce Chiroptère vit généralement isolé ou par couples. Il apparaît au printemps et se retire dans sa demeure en automne, pour hiverner, dès l'arrivée du mauvais temps. Il vole tard dans la soirée, le long des bois, dans les allées couvertes, les avenues et les clairières des forêts, les vergers, les jardins, etc., et même dans les rues des villages et des villes. Il craint le vent et la pluie, et ne sort pas lorsque le temps est menaçant. Son vol est irrégulier et très-capricieux. Quant à sa rapidité et à sa hauteur, les naturalistes ont des opinions divergentes. Ainsi, de la Fontaine[1] dit que « son vol est peu rapide et peu élevé » ; Fatio[2], qu'il a « un vol plutôt lent, mais accidenté et assez élevé » ; Brehm[3], « qu'il vole avec une rapidité telle qu'à peine peut-on l'apercevoir dans l'obscurité ». Quand il vole, l'Oreillard rabat généralement ses énormes oreilles en arrière sur le dos, de façon à donner moins de prise au vent ; dans cette attitude, les longues pointes des oreillons se dressent seules en l'air. Sa nourriture se compose d'Insectes. La femelle ne fait annuellement qu'une portée, ordinairement de deux petits, jamais de plus. La durée de la gestation, l'époque de la parturition et les principaux traits de la biologie des petits sont brièvement indiqués à la p. 140.

Toute la Normandie. — P. C.

1. *Op. cit.*, p. 16.
2. *Op. cit.*, p. 44.
3. A.-E. Brehm. — *Merveilles de la Nature. L'Homme et les Animaux. Les Mammifères.* Edit. franç. revue par Z. Gerbe. 2 vol. Paris, J.-B. Baillière et fils, t. I, p. 167.

2ᵉ Genre. *BARBASTELLUS* — BARBASTELLE.

1. **Barbastellus communis** Gray — Barbastelle commune.

Barbastellus Daubentonii Bell.
Synotus barbastellus Keys. et Blas.
Vespertilio barbastellus Schreb.

Barbastelle ordinaire; B. vulgaire.
Vespertilion barbastelle.

Chauve-souris barbastelle; Barbastelle.

BERT. — *Op. cit.*, p. 29; tir. à part, p. 5.
DE LA FONTAINE. — *Op. cit.*, p. 17.
FATIO. — *Op. cit.*, p. 46 et 97; pl. III, fig. 11.
GENTIL. — *Op. cit.*, p. 21; tir. à part, p. 7.
TROUESSART. — *Op. cit.*, p. 25; fig. 9.

La Barbastelle commune habite toute l'année les grottes, les cavernes, les carrières souterraines, les souterrains, les caves, les celliers, les vieux bâtiments, etc. Son sommeil hibernal est si léger que même dans le milieu de l'hiver, elle se livre assez souvent à la chasse des Insectes qui se sont réfugiés dans sa demeure. Cette espèce vit presque toujours isolée, même pendant l'hiver. Elle se montre dès le commencement du printemps jusqu'à une époque tardive de l'automne. Elle quitte sa retraite de bonne heure dans la soirée et vole dans les bois, les allées d'arbres, les rues des villages et des villes, etc. Elle résiste assez bien aux intempéries des saisons et ne craint ni la pluie, ni les orages. Son vol est élevé et rapide. Sa nourriture se compose d'Insectes. Je n'ai pas trouvé de renseignements sur la reproduction de la Barbastelle commune qui, à n'en point douter, doit être plus ou moins semblable à celle des autres espèces de Vespertilionidés.

Cette espèce doit se trouver, mais rarement, dans toute la Normandie. — Jusqu'alors, je n'en ai capturé qu'un seul individu, du sexe mâle, au fond de l'une des carrières souterraines abandonnées, dites du Hêtre-de-l'Image, dans la forêt de La Londe (Seine-Inférieure), le 9 décembre 1883. Il n'a été publié, que je sache, aucune autre indication de la présence de cette espèce en Normandie.

3° Genre. *VESPERUGO* — VESPÉRIEN.

1. **Vesperugo serotinus** Schreb. — Vespérien sérotine.

Vespertilio noctula E. Geoffr. (*nec* Schreb.); *V. murinus* Pall. (*nec* Schreb.).

Vespertilion sérotine.

Chauve-souris sérotine; Sérotine.

BERT. — *Op. cit.*, p. 28; tir. à part, p. 4; pl. I, fig. 7.
DE LA FONTAINE. — *Op. cit.*, p. 15.
FATIO. — *Op. cit.*, p. 79 et 97.
GENTIL. — *Op. cit.*, p. 21 et 22; tir. à part, p. 7 et 8.
TROUESSART. — *Op. cit.*, p. 28 et 29; fig. 10.

Le Vespérien sérotine habite toute l'année les arbres creux, les vieux bâtiments, les tours, les clochers, etc.; même en plein hiver, on le trouve rarement dans les grottes, les cavernes, les carrières souterraines et les souterrains. Son sommeil hibernal est long et profond. Il vit presque toujours isolé, se montre tard au printemps et se retire dans sa demeure en automne, pour hiverner, dès l'apparition du mauvais temps. Il sort de sa retraite quand la nuit est complètement venue, et vole dans les allées d'arbres, au-dessus des prairies, au bord des eaux, dans le voisinage des habitations, etc. Son vol est lent, d'une hauteur moyenne, mais le plus souvent assez bas. Sa nourriture se compose d'In-

10

sectes. La femelle ne fait annuellement qu'une portée d'un seul petit. La durée de la gestation, l'époque de la parturition et les principaux traits de la biologie des petits sont brièvement indiqués à la p. 140.

Toute la Normandie. — A. R.

Chesnon[1], dans son *Essai sur l'Histoire naturelle de la Normandie* (p. 73), et Bouchard[2], dans sa Faune du canton de Gisors (Eure) (p. 17), font mention de cette espèce. J'ai étudié dans le Muséum d'Histoire naturelle de Gisors, plusieurs individus empaillés de ce Chiroptère, provenant sans doute du canton de Gisors. M. Raoul Fortin m'a obligeamment communiqué l'un des deux sujets d'un couple de cette espèce, tué à la fin du jour, autour des arbres situés dans les prairies marécageuses du Grand-Couronne (Seine-Inférieure), le 17 octobre 1880. — Etc.

2. **Vesperugo noctula** Schreb.—Vespérien noctule.

Vespertilio serotinus E. Geoffr. (*nec* Schreb., *nec* Daubenton).

Vespertilion noctule.

Chauve-souris noctule ; Noctule.

BERT. — *Op. cit.*, p. 28 ; tir. à part, p. 4 ; pl. I, fig. 5.
DE LA FONTAINE. — *Op. cit.*, p. 14.
FATIO. — *Op. cit.*, p. 55 et 97 ; pl. III, fig. 1, 6 et 12.
GENTIL. — *Op. cit.*, p. 21 ; tir. à part, p. 7.
TROUESSART. — *Op. cit.*, p. 28 et 33 ; fig. 13.

Le Vespérien noctule habite toute l'année les arbres creux, notamment les Chênes, les tours, les clochers, les vieux bâtiments, et, d'une façon exceptionnelle, les trous de murailles et de rochers. Pour hiverner, il se retire aussi dans les vieilles constructions ; même en plein hiver, on le trouve

1 et 2. Voir Bibliogr.

rarement dans les grottes, les cavernes, les carrières souterraines et les souterrains. Son sommeil hibernal est long et
profond. Il vit habituellement en petite société, se montre
dès le commencement du printemps, mais se retire de bonne
heure en automne, pour hiverner. Il sort de sa retraite avant
même que le soleil ne soit couché, et y rentre plus tôt que nos
autres espèces de Chauves-souris indigènes. Il vole de préférence dans les lieux boisés, ne s'approchant des endroits
habités par l'Homme que lorsqu'ils sont entourés de grands
vergers ou de grands parcs. Son vol est rapide et capricieux,
d'abord élevé, puis se rapprochant du sol à mesure que la
nuit avance. Sa nourriture se compose d'Insectes. La femelle
ne fait annuellement qu'une portée, ordinairement de deux
petits, jamais de plus. La durée de la gestation, l'époque de
la parturition et les principaux traits de la biologie des
petits sont brièvement indiqués à la p. 140.

Toute la Normandie. — R.

Chesnon[1], dans son *Essai sur l'Histoire naturelle de la
Normandie* (p. 72), et Bouchard[2], dans sa Faune du canton
de Gisors (Eure) (p. 17), font mention de cette espèce. Je
n'ai pas eu l'occasion de capturer ou d'examiner un seul
individu de ce Chiroptère pris en Normandie.

3. **Vesperugo pipistrellus** Schreb.—Vespérien pipistrelle.

Vespertilio brachyotus Baill.; *V. minutissimus* Schinz;
V. pygmaeus Leach.

Vespertilion pipistrelle.

Chauve-souris pipistrelle; Pipistrelle.

Bert. — *Op. cit.*, p. 28 et 29 ; tir. à part, p. 4 et 5 ; pl. I,
fig. 6.

1 et 2. Voir Bibliogr.

DE LA FONTAINE. — *Op. cit.*, p. 15.

FATIO. — *Op. cit.*, p. 61 et 97; pl. III, fig. 4 et 13.

GENTIL. — *Op. cit.*, p. 21 et 22; tir. à part, p. 7 et 8.

TROUESSART. — *Op. cit.*, p. 29 et 38; fig. 16 et 17.

Le Vespérien pipistrelle habite toute l'année sous les toitures des maisons, des bâtiments et des édifices, dans les cheminées ne servant pas, dans les greniers, derrière les contrevents qui restent longtemps fermés, dans les caves, les trous d'arbres et de murailles, etc., rarement dans les grottes et les cavernes. Son sommeil hibernal est assez court et très-léger. La Pipistrelle vit généralement en compagnie, quelquefois nombreuse; on la trouve moins souvent isolée. Elle a un caractère batailleur, et se dispute assez souvent avec ses semblables. Elle est très-précoce et se montre dès le commencement de mars jusqu'à une époque avancée de l'automne. Pendant sa période d'activité, elle sort de bonne heure dans la soirée, et vole dans les allées des jardins, dans les rues des villages et des villes, — entrant volontiers dans les appartements où il y a de la lumière, — le long des bois et des rivières dont elle rase l'eau pour capturer des Insectes, etc. Craignant peu le froid et douée d'un sommeil hibernal très-léger, elle vole parfois en plein hiver, et au milieu du jour, lorsque le temps se radoucit, et même pendant les jours où la température est assez basse. Son vol est rapide, léger, très-irrégulier, et, généralement, bas ou peu élevé. Sa nourriture se compose d'Insectes. La femelle ne fait annuellement qu'une portée, ordinairement de deux petits, jamais de plus. La durée de la gestation, l'époque de la parturition et les principaux traits de la biologie des petits sont brièvement indiqués à la p. 140.

Toute la Normandie. — T. C.

4ᵉ Genre. *VESPERTILIO* — VESPERTILION.

1. **Vespertilio Daubentonii** Leisl.—Vespertilion de Daubenton.

Vespertilio emarginatus Jenyns (*nec* E. Geoffr., *nec* Mac-Gill., *nec* Millet).

BERT. — *Op. cit.*, p. 28 et 29; tir. à part, p. 4 et 5; pl. I, fig. 10.
FATIO. — *Op. cit.*, p. 94 et 97.
GENTIL. — *Op. cit.*, p. 23 et 25; tir. à part, p. 9 et 11.
TROUESSART. — *Op. cit.*, p. 46 et 49; fig. 23[1].

Le Vespertilion de Daubenton habite, pendant la belle saison, les arbres creux, les trous de murailles et de rochers, etc., assez souvent près des eaux, et hiverne dans les grottes, les cavernes, les carrières souterraines, les souterrains, etc. Il vit isolément, en petite société ou en troupe parfois nombreuse. Sa période d'activité commence au printemps et se termine de bonne heure, en automne. Il quitte sa retraite quand l'obscurité est assez profonde, et comme il est délicat et sensible au froid, il ne sort pas s'il fait du vent ou s'il pleut. Il vole particulièrement dans le voisinage des eaux, dont il rase la surface à la manière des Hirondelles, pour capturer des Insectes. Son vol est bas, léger et saccadé. Sa nourriture se compose d'Insectes. La femelle ne fait annuellement qu'une portée d'un seul, rarement de deux petits, jamais de plus. La durée de la gestation, l'époque de la parturition et les principaux traits de la biologie des petits sont brièvement indiqués à la p. 140.

Toute la Normandie. — A.C.

1. La fig. 22 concerne le *Vespertilio Capaccinii* Bonap. et non le *V. Daubentonii* Leisl., comme on l'a imprimé par erreur dans cet ouvrage. (Renseign. communiqué par l'auteur lui-même).

2. **Vespertilio emarginatus** E. Geoffr.—Vespertilion échancré.

Vespertilio ciliatus Blas.

De la Fontaine. — *Op. cit.*, p. 13.
Trouessart. — *Op. cit.*, p. 46 et 51 ; fig. 24.

Le Vespertilion échancré habite, pendant la belle saison, les greniers, les moulins, etc., le plus souvent dans le voisinage des eaux, et hiverne dans les grottes, les cavernes, les carrières souterraines, les souterrains, etc. Il vole particulièrement près des cours d'eau et sur les marais, à la recherche des Insectes qui composent sa nourriture. La femelle ne doit faire annuellement, comme chez les espèces voisines, qu'une portée d'un seul, rarement de deux petits, et jamais de plus, mais je n'ai trouvé aucun renseignement précis sur ce sujet. Quant à la durée de la gestation, à l'époque de la parturition et aux principaux traits de la biologie des petits, ils doivent être, à n'en point douter, semblables à ceux qui sont brièvement indiqués à la p. 140.

Jusqu'à ce jour, du moins à ma connaissance, un seul exemplaire de cette espèce a été trouvé en Normandie. Cet exemplaire, du sexe femelle, a été capturé par moi dans une partie abandonnée de la carrière de la Briqueterie, au Bois Mauny (Eure), près La Bouille, le 6 mars 1883. Il est à peu près certain que des recherches persévérantes feraient découvrir cette espèce sur différents points de la Normandie.

3. **Vespertilio Nattereri** Kuhl — Vespertilion de Natterer.

Bert. — *Op. cit.*, p. 28 ; tir. à part, p. 4 ; pl. I, fig. 8.
De la Fontaine. — *Op. cit.*, p. 12.
Fatio. — *Op. cit.*, p. 87 et 97.
Gentil. — *Op. cit.*, p. 23 et 24 ; tir. à part, p. 9 et 10.
Trouessart. — *Op. cit.*, p. 46 et 52 ; fig. 25 et 26.

Le Vespertilion de Natterer habite, pendant la belle saison, les arbres creux, les vieilles constructions, les clochers, etc., et hiverne dans les grottes, les cavernes, les carrières souterraines, les souterrains, etc. Il vit isolément ou en petit nombre, rarement en nombreuse société. Il se montre depuis le printemps jusqu'en automne, et sort tard dans la soirée, volant dans les allées d'arbres, le long des chemins, à la lisière des bois, dans les jardins, autour des maisons, etc. Son vol est lent et d'une hauteur moyenne. Sa nourriture se compose d'Insectes. Le femelle ne fait annuellement qu'une portée d'un seul, rarement de deux petits, jamais de plus. La durée de la gestation, l'époque de la parturition et les principaux traits de la biologie des petits sont brièvement indiqués à la p. 140.

Cette espèce doit se trouver, mais rarement, dans toute la Normandie. — M. Fernand Lataste possède, dans son importante collection, un individu recueilli à Lisieux. J'en ai capturé un exemplaire, du sexe mâle, dans l'une des carrières souterraines abandonnées, dites du Hêtre-de-l'Image, dans la forêt de La Londe (Seine-Inférieure), le 30 novembre 1884.

4. **Vespertilio Bechsteinii** Leisl. — Vespertilion de Bechstein.

DE LA FONTAINE. — *Op. cit.*, p. 12.
GENTIL. — *Op. cit.*, p. 23; tir. à part, p. 9.
TROUESSART. — *Op. cit.*, p. 46 et 54; fig. 27 et 28.

Le Vespertilion de Bechstein habite particulièrement, pendant la belle saison, les arbres creux, dans les bois et les forêts, et hiverne dans les grottes, les cavernes, les carrières souterraines, les souterrains, etc. Il vit isolément, peut-être aussi en très-petit nombre, et se montre depuis le printemps jusqu'en automne, volant généralement dans les endroits boisés. Sa nourriture se compose d'Insectes. La femelle ne fait annuellement qu'une portée d'un seul, rarement de deux petits, jamais de plus. La durée de la gestation, l'époque de la parturition et les principaux traits de la biologie des petits sont brièvement indiqués à la p. 140.

Cette espèce doit se trouver, mais très-rarement, dans toute la Normandie. — Je n'en ai capturé qu'un exemplaire, du sexe femelle, dans une partie abandonnée de la carrière de la Briqueterie, au Bois Mauny (Eure), près La Bouille, le 6 mars 1883. C'est, du moins à ma connaissance, le seul individu trouvé jusqu'à ce jour en Normandie.

5. **Vespertilio murinus** Schreb.—Vespertilion murin.

Vespertilio major Briss.; *V. myotis* Bechst.; *V. submurinus* Brehm.

Chauve-souris murin; Murin.

BERT. — *Op. cit.*, p. 28; tir. à part, p. 4; pl. I, fig. 11.
DE LA FONTAINE. — *Op. cit.*, p. 11.
FATIO. — *Op. cit.*, p. 84 et 97; p. III, fig. 14.
GENTIL. — *Op. cit.*, p. 23; tir. à part, p. 9.
TROUESSART. — *Op. cit.*, p. 47 et 55; fig. 29.

Le Vespertilion murin habite, pendant la belle saison, les clochers, les tours, les vieux bâtiments, etc., et hiverne dans les grottes, les cavernes, les carrières souterraines, les souterrains, etc. Son sommeil hibernal est long et profond. Il vit isolément, mais le plus souvent en société, parfois nombreuse, se composant exceptionnellement de plusieurs centaines d'individus. Il a un caractère farouche et batailleur, et attaque non-seulement les espèces plus petites et plus faibles que lui, mais aussi les individus de son espèce. Ce Chiroptère se montre depuis le printemps jusqu'en automne. Il sort tard dans la soirée, et vole dans les avenues, les chemins, les rues des villages et des villes, s'écartant peu de sa demeure. Accidentellement, il quitte sa retraite avant même que le soleil ne soit couché, et vole à une grande hauteur. Son vol est rapide, et, en général, d'une élévation moyenne. Sa nourriture se compose d'Insectes. La femelle ne fait annuellement qu'une portée d'un seul, rarement de deux petits, jamais de plus. La durée de la gestation, l'époque de la parturition et les principaux traits de la biologie des petits sont brièvement indiqués à la p. 140.

Toute la Normandie. — C.

6. **Vespertilio mystacinus** Leisl. — Vespertilion à
    moustaches.

Vespertilio collaris Meissn.; *V. emarginatus* Mac-Gill.;
    Millet, (*nec* E. Geoffr., *nec* Jenyns); *V. humeralis* Baill.

Vespertilion moustac; V. mystacin.

Chauve-souris à moustaches; Chauve-souris moustac; Chauve-
    souris mystacin; Moustac; Mystacin.

BERT.— *Op. cit.*, p. 28 et 29; tir. à part, p. 4 et 5; pl. I, fig. 9.
DE LA FONTAINE. — *Op. cit.*, p. 13.
FATIO. — *Op. cit.*, p. 90 et 97; pl. II (type et var. *nigri-*
    cans Fatio), et pl. III, fig. 7 et 15.
GENTIL. — *Op. cit.*, p. 23 et 24; tir. à part, p. 9 et 10.
TROUESSART. — *Op. cit.*, p. 47 et 57; fig. 30 et 31.

Le Vespertilion à moustaches habite généralement, pendant la belle saison, les arbres creux, les vieux bâtiments, les moulins, etc., et hiverne dans les grottes, les cavernes, les carrières souterraines, les souterrains, etc. Son sommeil hibernal est court et léger. Il vit isolément, mais plus fréquemment en petite société, quelquefois en troupe très-nombreuse. Cette espèce se montre de bonne heure au prin-temps, craint peu le mauvais temps, et se retire dans sa retraite, en automne, pour hiverner. Elle vole, dès le crépuscule, à la lisière des bois et des forêts, dans les avenues, près des endroits habités par l'Homme, à la surface des eaux, qu'elle rase comme le font les Hirondelles, etc. Son vol est léger, saccadé, et, généralement, d'une élévation moyenne. Sa nourriture se compose d'Insectes. La femelle ne fait annuellement qu'une portée d'un seul, rarement de deux petits, jamais de plus. La durée de la gestation, l'époque de la parturition et les principaux traits de la biologie des petits sont brièvement indiqués à la p. 140.

Toute la Normandie. — A.C.

2ᵉ Ordre. *INSECTIVORA* — INSECTIVORES.

1ʳᵉ Famille. *ERINACEIDAE* — ERINACÉIDÉS.

1ᵉʳ Genre. *ERINACEUS* — HÉRISSON.

1. Erinaceus europaeus L. — **Hérisson commun.**

Erinaceus caninus E. Geoffr.; *E. suillus* E. Geoffr.

Hérisson d'Europe; H. ordinaire; H. vulgaire.—H. à groin de Cochon; H. à nez de Chien.

Hérichon; Herchon.

Bert. — *Op. cit.*, p. 30; tir. à part, p. 6.
De la Fontaine. — *Op. cit.*, p. 18.
Fatio. — *Op. cit.*, p. 144 et 147; pl. VI, fig. 3 et 6.
Gentil. — *Op. cit.*, p. 30; tir. à part, p. 16.
Trouessart. — *Op. cit.*, p. 71; fig. 39.

Le Hérisson commun habite de préférence les lieux boisés, les arbres creux, les broussailles, les bruyères, mais il loge également au pied des haies, dans les tas de bois, de fumier, de feuilles, de pierres, dans les trous de murs, etc. Pour hiverner, il recherche, soit un trou à la base d'un vieil arbre, soit quelque autre demeure, où il se blottit dans un nid de feuilles, de mousse et d'herbes sèches, qui a l'aspect d'une grosse boule dont il occupe le centre. Son sommeil hibernal est profond. Il vit généralement isolé, ou quelquefois par couple. Il est d'un caractère craintif et doux, ou plutôt indifférent. Pendant sa période d'activité, qui a lieu depuis le mois de mars jusqu'à l'arrivée des premiers froids, en automne, il reste habituellement caché durant le jour, dans un état de demi-somnolence, et sort au crépuscule et dans la nuit, pour rechercher sa nourriture, dans les endroits boisés, les champs, les prairies, les jardins, etc. Il marche lentement et avec une certaine lourdeur, court mal, mais grimpe fort bien. Son seul moyen de protection est la faculté qu'il possède de ramener sa tête, ses quatre pattes et sa queue sur le ventre, de manière à prendre la forme d'une boule légèrement ovale, présentant partout des piquants dressés. Sa nourriture se compose particulièrement d'Insectes ; il mange aussi des racines, des fruits, des Vers, des Limaces, des Grenouilles, des Crapauds, des Couleuvres, des Vipères, des Orvets, des Lézards, des Oiseaux, de petits Mammifères, etc. Il est insensible à l'action du venin de la Vipère, et serait, paraît-il, réfractaire à différents poisons : Cantharides, fortes doses d'opium, d'arsenic, de sublimé corrosif ; mais s'il est parfaitement démontré que le venin de la Vipère n'a sur lui aucune action nocive, par contre, sa résistance aux poisons indiqués ci-dessus a grand besoin d'être confirmée par de sérieux expérimentateurs. La femelle fait annuellement une portée, ou deux quand les circonstances sont favorables. Le nombre des petits de chaque portée est de trois à huit ; en général, de quatre à cinq. La durée de la gestation est d'environ un mois, d'après Trouessart[1], et de sept semaines d'après Brehm[2]. La parturition a lieu vers les mois de mai-juin et d'octobre, et se fait sur une couche de mousse, d'herbes et de feuilles sèches. Les jeunes atteignent leur

1. *Op. cit.*, p. 75.
2. *Op. cit.*, t. I, p. 722.

complet développement avant l'âge d'un an, mais ne se reproduisent que la seconde année.

Toute la Normandie. — P. C.

2ᵉ Famille. *SORICIDAE* — SORICIDÉS.

1ᵉʳ Genre. *CROCIDURA* — CROCIDURE.

1. **Crocidura araneus** Schreb.—Crocidure musette.

Sorex araneus Schreb. (*nec* L.); *S. musaraneus* G. Cuv.; *S. russulus* Herm.

Crocidure aranivore.
Leucode aranivore.
Musaraigne aranivore; M. de terre; M. musette.

Mesiragne; Mesiraigne; Mesirette; Miseraine; Misérenne; Miserette; Musette; Musirette.

Bert. — *Op. cit.*, p. 32; tir. à part, p. 8.
De la Fontaine. — *Op. cit.*, p. 23.
Fatio. — *Op. cit.*, p. 135 et 147; pl. V, fig. 1.
Gentil. — *Op. cit.*, p. 29; tir. à part, p. 15.
Trouessart. — *Op. cit.*, p. 77 et 78; fig. 40 et 41.

La Crocidure musette habite de préférence les lieux découverts, les champs, les prairies et les jardins, et s'approche familièrement des habitations humaines. Pendant la belle saison, elle établit son nid dans quelque trou de mur, sous une meule de foin ou de paille, sous une grosse pierre, etc., et, pendant la saison froide, elle entre assez souvent dans les granges, les étables et les maisons. Elle vit isolée, ou par couple au moment des amours. Elle est peu farouche, mais d'un caractère féroce, comme les autres espèces de Soricidés indigènes. Ses mœurs semblent être plutôt nocturnes que diurnes, car, bien qu'elle sorte en plein jour, elle paraît être beaucoup plus active pendant la nuit. Sa démarche est lente, au moins durant le jour, mais elle a des mouvements assez vifs. Sa nourriture se compose d'Insectes, de Vers, de Mollusques, d'œufs et de petits Oiseaux, de petits Mammifères et de cadavres de petits animaux. La femelle fait, dans certains cas, jusqu'à trois portées par an. Le nombre des petits de chaque portée est de cinq à dix. La parturition a lieu habituellement entre le commencement de mai et la fin d'août, et se fait dans un nid de mousse, de paille hachée, d'herbes et de feuilles sèches. Blasius[1] a trouvé plusieurs fois, en automne et même au milieu de l'hiver, en février, dans des étables chaudes, des nids, contenant des jeunes de cette espèce. ;

Toute la Normandie. — C.

2. ★ **Crocidura leucodon** Herm.—Crocidure leucode.

Leucodon microurus Fatio.

Leucode courte-queue.
Musaraigne leucode.

Bert. — *Op. cit.*, p. 32 ; tir. à part, p. 8.
De la Fontaine. — *Op. cit.*, p. 24.
Fatio. — *Op. cit.*, p. 137 et 147 ; pl. V, fig. 2.
Trouessart. — *Op. cit.*, p. 77 et 81 ; fig. 42 et 43.

La Crocidure leucode a des mœurs semblables à colles de la Crocidure musette ; toutefois, elle habite plus souvent les broussailles, fréquente moins les terrains découverts et ne s'approche pas autant des endroits habités par l'Homme que l'espèce précédente.

1, J.-H. Blasius.—*Naturgeschichte der Saeugethiere Deutschlands und der angrenzenden Laender von Mitteleuropa.* av. 290 fig. dans le texte. Brunswick, F. Vieweg et fils, 1857, p. 147.

★ Jusqu'à ce jour, cette espèce n'a pas été trouvée, que je sache, en Normandie; mais son existence dans l'arrondissement d'Abbeville (Somme) a été signalée par Marcotte[1], et il est fort probable que des recherches attentives la feraient découvrir prochainement dans cette province.

2ᵉ Genre. *SOREX* — MUSARAIGNE.

1. **Sorex vulgaris** L. — Musaraigne vulgaire.

Amphisorex tetragonurus Duvern.
Corsira vulgaris Gray.
Sorex araneus L. (*nec* Schreb.); *S. constrictus* E. Geoffr.,
    Millet, (*nec* Herm.); *S. coronatus* Millet; *S. Daubentonii*
    G. Cuv., Baill., (*nec* Erxl.); *S. fodiens* Bechst. (*nec*
    Pall.); *S. tetragonurus* Herm.

Musaraigne carrelet; M. commune; M. ordinaire; M. plaron.

Carrelet; Plaron.

Bert. — *Op. cit.*, p. 31; tir. à part, p. 7.
De la Fontaine. — *Op. cit.*, p. 20.
Fatio. — *Op. cit.*, p. 125 et 147; pl. IV (type et var. *nigra*
    Fatio), et pl. VI, fig. 2 et 5.
Gentil. — *Op. cit.*, p. 28; tir. à part, p. 14.
Trouessart. — *Op. cit.*, p. 87; fig. 46 et 47.

La Musaraigne vulgaire ou Musaraigne carrelet habite de préférence les prairies et les bois humides, mais elle fréquente aussi les endroits secs, les broussailles, les champs, les haies, et s'approche parfois des fermes et des maisons. Elle établit son nid sous terre, dans des couloirs de petits Rongeurs ou dans une taupinière abandonnée, sous la mousse, sous la

---

1. Félix Marcotte.— *Les Animaux Vertébrés de l'arrondissement d'Abbeville*, in Mém. de la Soc. impér. d'Emulation d'Abbeville, ann. 1857-1860, p. 236.

terre boursoufflée des fossés desséchés, dans des trous de
murs, etc.; rarement elle se creuse elle-même une retraite
qui est toujours à fleur de terre. Pendant la saison froide,
elle pénètre quelquefois dans les granges, les étables et les
maisons. Elle vit isolée, ou par couple au moment des amours.
Elle a un caractère batailleur, féroce, et attaque ses semblables
pour les dévorer. Ses mœurs sont plutôt nocturnes que
diurnes; cependant, elle chasse aussi en plein jour les animaux dont elle se nourrit. Ses mouvements sont lestes et
agiles, et elle peut nager au besoin. Sa nourriture se compose d'Insectes, de Vers, de Grenouilles, de Lézards, d'œufs
et de petits Oiseaux, de petits Mammifères et de cadavres
de petits animaux; elle ne touche pas aux matières végétales.
La femelle fait une, ou peut-être, dans certains cas, deux ou
trois portées par an. Le nombre des petits de chaque portée
est de cinq à dix. La parturition a lieu habituellement en
mai, juin ou juillet, et se fait dans un nid de mousse,
d'herbes et de feuilles sèches, placé sous des racines, dans un
trou de mur, etc., et pourvu de plusieurs ouvertures laté-
rales.

Toute la Normandie. — C.

2. **Sorex pygmaeus** Laxm. et Pall. — Musaraigne
   pygmée.

Amphisorex pygmaeus Duvern.
Sorex minimus E. Geoffr.; *S. minutissimus* Herm.;
S. minutus L.

DE LA FONTAINE. — *Op. cit.*, p. 21.
FATIO. — *Op. cit.*, p. 130 et 147.
GENTIL. — *Op. cit.*, p. 28 et 29; tir. à part, p. 14 et 15.
TROUESSART. — *Op. cit.*, p. 90; fig. 48 et 49.

La Musaraigne pygmée a les mêmes mœurs que la Musaraigne vulgaire. Elle habite de préférence les localités

boisées; néanmoins, on la trouve aussi dans les mêmes endroits que l'espèce précédente.

Jusqu'à ce jour, il n'a été capturé en Normandie, du moins à ma connaissance, que deux exemplaires de cette espèce. Je dois l'indication de cette double capture à l'obligeance de M. P. Joseph-Lafosse, qui a trouvé les exemplaires en question, dans son jardin, à Saint-Côme-du-Mont, près Carentan (Manche), et qui a bien voulu m'offrir le seul individu qu'il possédait, conservé dans l'alcool. Je suis convaincu que des recherches persévérantes feraient découvrir cette espèce sur différents points de la Normandie.

3ᵉ Genre. *CROSSOPUS* — CROSSOPE.

1. **Crossopus fodiens** Pall. — Crossope aquatique.

Amphisorex Linneanus Gray; *A. Pennanti* Gray.
Hydrosorex carinatus Duvern.
Musaraneus aquaticus Briss.
Sorex carinatus Herm.; *S. ciliatus* Sow.; *S. constrictus* Herm. (*nec* E. Geoffr., *nec* Millet); *S. Daubentonii* Erxl. (*nec* G. Cuv., *nec* Baill.); *S. fodiens* Pall. (*nec* Bechst.); *S. lineatus* E. Geoffr.; *S. remifer* E. Geoffr.

Musaraigne aquatique; M. ciliée; M. d'eau; M. porte-rame.

Bert. — *Op. cit.*, p. 31; tir. à part, p. 7.
De la Fontaine. — *Op. cit.*, p. 21 et 22.
Fatio. — *Op. cit.*, p. 121 et 147.
Gentil. — *Op. cit.*, p. 27 et 28; tir. à part, p. 13 et 14.
Trouessart. — *Op. cit.*, p. 94; fig. 52 et 53.

Le Crossope aquatique habite tout particulièrement, comme son nom l'indique, le bord des eaux, mais on le trouve aussi dans les prairies avoisinantes, sous les meules de foin et parfois même dans les endroits habités par l'Homme. Il se creuse des galeries dans les berges des rivières, des ruisseaux, des étangs, ou s'empare de celles des Taupes et des petits Rongeurs. Sa demeure a toujours plusieurs ouvertures : l'une est submergée, l'autre au-dessus de la surface de l'eau, et une troisième, parfois multiple, du côté de la terre. Bien qu'il sorte de préférence la nuit, il se montre fréquemment pendant le jour. Ses mouvements sont rapides; il plonge très-bien et nage avec beaucoup de vitesse. Sa nourriture se compose de Vers, d'Insectes, de Mollusques, de Crustacés, de Grenouilles, de Poissons, de petits Oiseaux, de petits Mammifères, etc. Il a un goût tout spécial pour la cervelle de Poissons, et afin de satisfaire ce goût, il n'hésite pas à s'attaquer aux grosses Carpes, se cramponne sur leur tête, leur crève les yeux, qu'il mange, perce le crâne et en dévore le contenu. Fatio[1] dit qu'il a été à même de constater à Pontrésina (Haute-Engadine), dans un établissement de pisciculture, qu'une paire de ces animaux avaient détruit et dévoré, en quelques nuits, plusieurs milliers d'œufs et de jeunes Truites. Brehm[2] rapporte qu'on a observé un individu de cette espèce, placé sur la tête d'une Carpe, où il s'y maintenait cramponné avec ses pattes antérieures. Lorsqu'il fut pris, il avait déjà mangé les yeux du Poisson. La femelle fait annuellement une, ou, dans certains cas, plusieurs portées. Le nombre des petits de chaque portée est de six à huit. La durée de la gestation est d'environ vingt jours. La parturition a lieu habituellement en mai et juin; mais l'on trouve des jeunes jusque dans l'arrière-saison. C'est dans un nid composé de mousse, d'herbes et de feuilles, et placé dans un trou au bord de l'eau, que se fait la parturition. Au bout de cinq à six semaines, les jeunes sont assez grands pour pouvoir suivre leur mère dans ses chasses, et ils ne tardent pas à la quitter complètement.

Toute la Normandie. — P. C.

1. *Op. cit.*, p. 123.
2. *Op., cit.*, t. I, p. 742.

3ᵉ Famille. *TALPIDAE* — TALPIDÉS.

1ᵉʳ Genre. *TALPA* — TAUPE.

1. **Talpa europaea** L. — Taupe commune.

Talpa vulgaris Briss.

Taupe d'Europe; T. ordinaire; T. vulgaire.

Taôpe; Tâoupe.

Bert. — *Op. cit.*, p. 30; tir. à part, p. 6.
De la Fontaine. — *Op. cit.*, p. 25.
Fatio. — *Op. cit.*, p. 110 et 147; pl. VI, fig. 1 et 4.
Gentil. — *Op. cit.*, p. 26; tir. à part, p. 12.
Trouessart.—*Op. cit.*, p. 101; fig. 55; fig. 56 et 57 (donjon).

La Taupe commune habite les champs, les prairies, les endroits sablonneux, la lisière des bois et des forêts, etc., où sa présence est décelée par ces petits tas de terre particuliers appelés *taupinières*. Elle vit sous terre, dans des galeries qu'elle creuse avec une grande rapidité, grâce à ses membres antérieurs, dont la conformation est des plus favorables pour fouiller le sol. Le terrier de la Taupe est très-compliqué : on y distingue toujours le gîte proprement dit et le terrain de chasse, d'une étendue plus ou moins grande et s'augmentant du travail de chaque jour. Les galeries sont à différentes hauteurs et descendent jusqu'à cinquante centimètres et même plus, au-dessous de la surface du sol. L'habitation centrale, gîte ou *donjon*, a une forme et des dimensions spéciales : c'est une chambre mollement tapissée de substances végétales et dans laquelle débouchent sept à huit galeries divergentes qui assurent la fuite de l'animal, en cas de poursuite ou de surprise. Les terriers particuliers communiquent entre eux à l'aide de galeries qui conduisent à d'autres galeries fréquentées par plusieurs Taupes, car il n'est pas rare de prendre, en quelques jours, dix, et jusqu'à vingt Taupes dans l'une de ces galeries communes, tandis que l'on n'en prend jamais plus d'une dans les galeries particulières. Comme on le voit, les Taupes sont donc, même en dehors du temps des amours, plus sociables qu'on ne le pense généralement; elles ne sont réellement solitaires qu'au moment où elles sont à la recherche de leur nourriture, dans une galerie qui est le résultat de leur travail personnel, et lorsqu'elles se reposent dans leur gîte particulier. Elles creusent à des heures fixes, au lever et au coucher du soleil, vers neuf heures du matin et à midi, mais jamais pendant la nuit. Toutefois, bien que les Taupes soient relativement assez sociables, elles se livrent parfois des combats sanglants à la fin desquels le vaincu est dévoré par le vainqueur. Cet Insectivore chasse jour et nuit les animaux dont il se nourrit. Sur terre, sa démarche est assez embarrassée, mais sous terre, dans ses galeries, il court presque aussi vite qu'un Cheval au trot; au besoin, il nage admirablement. Sa nourriture se compose de Vers, d'Insectes, des petits Rongeurs et des petits Insectivores qui s'aventurent dans ses galeries, etc.; il ne mange jamais de matières végétales, coupant les racines des plantes et des arbres seulement lorsqu'elles se trouvent sur son passage, quand il creuse son terrier. Il chasse également à la surface du sol et dévore les Cloportes, les Myriopodes, les Limaces, les Grenouilles et les Lézards qu'il peut attraper, voire même des Couleuvres et des Orvets. La femelle fait annuellement une portée de deux à sept petits, généralement de deux à cinq. Il est douteux qu'il y ait deux portées par an. La durée de la gestation est de quatre semaines. La parturition a lieu en avril, mai ou juin, parfois même jusqu'en juillet et en août, et se fait dans un nid composé de mousse, d'herbes, de feuilles, de fumier, etc. Ce nid est placé au point d'intersection de plusieurs galeries, le plus ordinairement assez loin du donjon, mais il est en relation avec lui par une galerie principale. A l'âge de cinq semaines, les jeunes ont à peu près la moitié de la taille de leurs parents, cependant ils restent encore dans le nid, où leurs parents viennent les nourrir. Au printemps suivant, ils creusent la terre avec autant d'habileté que les adultes.

Toute la Normandie. — T. C.

3ᵉ Ordre. *RODENTIA* — RONGEURS.

1ʳᵉ Famille. *SCIURIDAE* — SCIURIDÉS.

1ᵉʳ Genre. *SCIURUS* — ECUREUIL.

1. Sciurus vulgaris L. — Ecureuil vulgaire.

Ecureuil commun; E. d'Europe; E. ordinaire.

Equirel; Equireu; Etchureu; Fouquet; Jacquet; Petit Chat.

BERT. — *Op. cit.*, p. 36; tir. à part, p. 12.
DE LA FONTAINE. — *Op. cit.*, p. 70.
FATIO.—*Op. cit.*, p. 162 et 259; pl. VI, fig. 7 et 17, et pl. VIII, fig. 1.
GENTIL. — *Op. cit.*; p. 32; tir. à part, p. 18.
TROUESSART. — *Op. cit.*, p. 110; fig. 58.

L'Ecureuil vulgaire habite les endroits boisés, et, de préférence, les forêts de Conifères. Il se construit, au sommet d'un arbre élevé, un nid en forme de boule, composé de rameaux entrelacés à l'extérieur et de mousse à l'intérieur. Chaque individu possède un ou plusieurs de ces abris, et se loge parfois, mais seulement pour quelque temps, dans des nids d'Oiseau abandonnés. C'est un animal essentiellement arboricole et assez sociable. Ses mœurs sont diurnes. Il est sensible aux variations de l'atmosphère, et reste à dormir dans son nid quand le soleil est très-chaud, ou pendant les jours de pluie, de vent, d'orage et de neige, qu'il redoute beaucoup. Ses mouvements sont vifs et gracieux. Il grimpe aux arbres et saute de branche en branche avec une extrême agilité. Sur terre, il court avec rapidité, progressant par bonds. Il ne marche ni ne trotte. Lorsque la nécessité l'y oblige, il nage fort bien, mais l'eau lui est très-désagréable. Sa nourriture se compose de fruits secs, tels que glands, faînes, noix, noisettes, etc., de graines, de baies, de bourgeons et de jeunes pousses d'arbres, quelquefois d'œufs, de petits Oiseaux, et même d'adultes, etc. Il amasse, pour les temps de disette, des provisions qu'il place dans des arbres creux, sous des buissons, sous des racines, dans des trous qu'il fait en terre, ou dans l'un de ses nids. La femelle fait annuellement une portée de trois à neuf petits, et, d'ordinaire, une seconde portée moins nombreuse. La durée de la gestation est de quatre semaines. La parturition a lieu en avril-mai, pour la première portée, et en juin pour la seconde; elle se fait dans l'un de ses meilleurs nids, ou, de préférence, dans un arbre creux, sur une couche bien rembourrée. Après leur sevrage, les jeunes ont encore besoin que leurs parents les nourrissent quelque temps encore; aussi, lorsque les jeunes de la seconde portée sont assez grands pour l'accompagner, la mère réunit souvent les petits des deux portées, et l'on rencontre alors de petites bandes composées de dix à quinze individus.

Toute la Normandie. — P. C. en général. C. dans un certain nombre de localités.

2° Famille. *MYOXIDAE* — MYOXIDÉS.

1er Genre. *MYOXUS* — LOIR.

1. ★ **Myoxus glis** L. — Loir commun.

Glis esculentus Blumenb.; *G. vulgaris* Klein.

Loir gris; L. ordinaire; L. vulgaire.

Bert. — *Op. cit.*, p. 36 et 37; tir. à part, p. 12 et 13.
De la Fontaine. — *Op. cit.*, p. 72.

FATIO. — *Op. cit.*, p. 177 et 259; pl. VI, fig. 8 et 9.
GENTIL. — *Op. cit.*, p. 33; tir. à part, p. 19.
TROUESSART. — *Op. cit.*, p. 122 et 123; fig. 66.

Le Loir commun habite les forêts, de préférence celles de
Chênes et de Hêtres. Pendant la belle saison, il sort la nuit,
et dort, durant le jour, dans un arbre creux, une cavité sous
des racines, un trou en terre, une crevasse de rocher, un petit
terrier ou un nid d'Oiseau abandonnés, etc. Pour hiverner,
il se blottit enroulé, généralement en compagnie de plusieurs
de ses semblables, dans un nid de forme arrondie, construit
par lui, composé de mousse, d'herbes et de feuilles sèches,
et placé dans l'un des endroits indiqués ci-dessus. Son
sommeil hibernal est long et assez profond, mais interrompu,
de temps à autre, par des moments de réveil pendant
lesquels il grignotte un peu des provisions qu'il avait
amassées dans quelque cachette, pour la saison d'hivernage.
C'est un animal arboricole et assez sociable. Ses mœurs
sont nocturnes; toutefois, il sort aussi pendant le jour. Sa
période d'activité dure généralement depuis la fin d'avril
jusqu'en octobre. Ses mouvements sont vifs; il grimpe et
saute de branche en branche avec une grande agilité. Il y
a peu de Rongeurs qui l'emportent sur lui en voracité. Sa
nourriture se compose de fruits secs, tels que glands,
faînes, noisettes, châtaignes, de fruits charnus, etc., et
même d'œufs et de petits Oiseaux. La femelle fait
annuellement une portée de trois à six petits. La durée
de la gestation est d'environ six semaines, d'après Brehm[1],
durée qui, en réalité, doit être un peu moins longue, étant
donné celle de la gestation des deux espèces voisines,
lesquelles sont, il est vrai, d'une taille inférieure. La parturition a lieu habituellement au commencement de juin, et
se fait sur une couche bien molle, dans un arbre creux ou
dans quelque autre cachette, mais jamais dans un nid situé

1. *Op. cit.*, t. II, p. 91.

sur un arbre. Les jeunes se développent rapidement, et, à la fin de l'été, sont déjà presque aussi grands que leurs parents.

★ Jusqu'à ce jour, cette espèce, à ma connaissance du moins, n'a pas été signalée en Normandie; mais je considère comme assez probable que des recherches actives feraient découvrir, dans quelqu'une des grandes forêts de cette province, telles que celles de Brotonne, de Roumare, de La Londe, de Pont-de-l'Arche, de Lyons, etc., cet intéressant animal dont la disparition n'a pu être causée par les chasseurs et les gardes, qui ont détruit, d'une façon à peu près totale, le Chat sauvage en Normandie. — Le Loir commun a été trouvé dans deux départements limitrophes de la Normandie : l'Eure-et-Loir et la Sarthe.

Observat. — Bouchard[1] indique par erreur le *Myoxus glis* L. dans sa Faune du canton de Gisors (Eure) (p. 18). Cette erreur a été reconnue par l'auteur, qui m'en a fait part verbalement.

2. **Myoxus quercinus** L. — Loir lérot.

Mus nitela Pall..
Myoxus nitela Schreb.

Lérot commun; L. ordinaire; L. vulgaire.

Lérot; Loir des jardins; Lyron; Rat baguet; R. baillet; R. baillot; R. balai; R. dormant; R. lérot; R. vairet.

Bert. — *Op. cit.*, p. 36 et 37; tir. à part, p. 12 et 13.
De la Fontaine. — *Op. cit.*, p. 73.
Fatio. — *Op. cit.*, p. 179 et 259.
Gentil. — *Op. cit.*, p. 33 et 34; tir. à part, p. 19 et 20.
Trouessart. — *Op. cit.*, p. 122 et 125; fig. 67.

1. Voir Bibliogr.

Le Loir lérot habite les forêts, les bois, les plaines, les champs, les vergers, les jardins, etc., se rapprochant volontiers des habitations humaines. Pendant la belle saison, il sort la nuit, et dort, durant le jour, dans un arbre creux, un trou de mur, un nid d'Ecureuil abandonné, dans un nid qu'il se construit sur un arbre à découvert, etc. Il hiverne enroulé, ordinairement avec plusieurs de ses semblables, dans un nid de forme arrondie, composé de mousse, d'herbes et de feuilles sèches, qu'il installe dans le creux d'un arbre, dans une taupinière, dans un trou de muraille, sous le chaperon d'un mur, dans une carrière souterraine, dans un bâtiment, et même dans les maisons, où il s'établit dans quelque cachette. Son sommeil hibernal est long et peu profond, interrompu, de temps à autre, par des moments de réveil pendant lesquels il grignotte un peu des provisions qu'il avait amassées dans quelque endroit, pour la saison d'hivernage. C'est un animal assez sociable, dont les mœurs sont particulièrement nocturnes. Sa période d'activité dure généralement depuis la fin d'avril jusqu'en octobre. Il grimpe et saute à merveille. Sa nourriture se compose de toute espèce de fruits charnus, mais ce sont les pêches d'espalier qui ont sa préférence. Il mange aussi des fruits secs, tels que noix, noisettes, etc., et même des haricots et des pois. Il est également friand d'œufs et de petits Oiseaux. La femelle fait annuellement une portée de quatre à six petits, et parfois une seconde portée quand la saison est favorable. La durée de la gestation est de vingt-quatre à vingt-huit jours. La parturition a lieu habituellement en juin pour la première portée, et en août ou au commencement de septembre pour la seconde. Elle se fait dans un nid à découvert, généralement dans un nid abandonné d'Oiseau ou d'Ecureuil, que la femelle répare et rembourre, à l'intérieur, de mousse et de poils. Les jeunes se développent rapidement, et, au bout de quelques semaines, sont en état de chercher eux-mêmes leur nourriture.

Toute la Normandie. — A. C.

3. **Myoxus avellanarius** L. — Loir muscardin.

Mus corilinum Schreb.
Myoxus muscardinus Schreb.

Muscardin des Noisetiers.

Croque noisette; C. noix; Lérot; Rat baguet; R. baillet.
(Ces trois derniers noms servent plutôt à désigner
le Loir lérot.)

BERT. — *Op. cit.*, p. 36 et 37; tir. à part, p. 12 et 13.
DE LA FONTAINE. — *Op. cit.*, p. 74.
FATIO. — *Op. cit.*, p. 182 et 259.
GENTIL. — *Op. cit.*, p. 33 et 34; tir. à part, p. 19 et 20.
TROUESSART. — *Op. cit.*, p. 122 et 128; fig. 68.

Le Loir muscardin habite les forêts, les bois, les broussailles, les haies, etc., de préférence les endroits où il y a
des Noisetiers. Pendant la belle saison, il sort la nuit, et dort,
durant le jour, dans son nid d'été, construit par lui au
milieu des broussailles, à une faible hauteur, avec de la
mousse, des herbes, des feuilles sèches et des poils. Il passe
la saison de l'hivernage enroulé en boule, dans son nid
d'hiver, de forme globuleuse, qu'il s'est fabriqué avec les
matériaux indiqués ci-dessus, et qu'il a placé dans un buisson
épais ou dans un arbre creux. Son sommeil hibernal est
long et très-profond, mais interrompu cependant, de temps
à autre, par des moments de réveil pendant lesquels il
grignotte un peu des provisions qu'il avait amassées à proximité de son nid d'hiver. Il est arboricole, assez sociable, et
a des mœurs particulièrement nocturnes. Sa période d'activité dure généralement depuis le mois d'avril jusqu'au
mois d'octobre. Ses mouvements, très-souples, sont plus lestes
encore que ceux de l'Écureuil vulgaire. Il grimpe à merveille, court sur les branches les plus minces, et se montre
très-agile, même à terre. Sa nourriture se compose de

fruits secs, tels que noisettes, noix, glands, faines, de graines, de fruits charnus, entre autres de baies de Sorbier, dont il est très-friand, de bourgeons, etc. La femelle fait annuellement une portée de trois ou quatre petits. La durée de la gestation est de quatre semaines. La parturition a lieu habituellement en août, et se fait dans son nid d'été. Peut-être y a-t-il une première portée au mois de juin, quand la saison est favorable, car Fernand Lataste[1] dit avoir reçu, en 1882, une femelle qui mit bas le 1er juin. Les jeunes se développent rapidement, et, au commencement de l'automne, sont déjà presque aussi grands que leurs parents et ont su amasser des provisions pour l'hivernage; peu après, ils construisent leur nid d'hiver et tombent dans le sommeil hibernal.

Toute la Normandie. — P. C.

J'ai reçu l'indication des localités suivantes où cette espèce a été trouvée : *Seine-Inférieure :* Environs d'Elbeuf; Villers-Ecalles, près Barentin; *Eure :* Forêt de Gisors; Saint-Aubin-le-Vertueux; *Manche :* Bois de Breteuil, près de Cerisy-la-Forêt; Environs de Saint-Sauveur-le-Vicomte; Environs d'Urville et de Nacqueville, près de Cherbourg.

Il n'est pas douteux, selon moi, que cet animal existe dans beaucoup de forêts et de bois de la Normandie, mais toujours en petit nombre.

3e Famille. *MURIDAE* — MURIDÉS.

1er Genre. *MUS* — RAT.

1. **Mus decumanus** Pall. — Rat surmulot.

Mus maurus Waterh.

---

1. F. Lataste. — *Observations sur le Muscardin et le Lérotin en captivité*, in Le Naturaliste, Paris, n° du 15 mai 1887, p. 57.

Rat (mâle); Rate (femelle); Raton (jeune).

Rat gris; Surmulot. [Rat d'eau, par confusion avec le Campagnol amphibie].

Bert. — *Op. cit.*, p. 37; tir. à part, p. 13.

De la Fontaine. — *Op. cit.*, p. 76.

Fatio. — *Op. cit.*, p. 190 et 259.

Gentil. — *Op. cit.*, p. 35; tir. à part, p. 21.

Trouessart. — *Op. cit.*, p. 136 et 137.

Le Rat surmulot habite les caves, les égouts, les abattoirs, les celliers, les granges, les étables, les moulins, le bord des fossés et des rivières, les jardins, et, d'une façon générale, tous les endroits fréquentés par l'Homme. Il se loge dans les trous qu'il rencontre ou qu'il fait lui-même, et, à défaut d'autre cachette, il se creuse un terrier dans le sol. C'est un animal peu sociable et qui dévore parfois les autres individus de son espèce. Ses mœurs sont particulièrement nocturnes; toutefois, il sort fréquemment pendant le jour. Ses mouvements sont vifs. Il grimpe à merveille, court très-vite, fait souvent des bonds en courant, et nage admirablement. Il est essentiellement omnivore. Sa nourriture se compose d'aliments végétaux et animaux. Il ronge tout ce qu'il trouve, et attaque aussi des Oiseaux et les petits Mammifères. La femelle fait annuellement de deux à quatre portées, chacune de trois à douze petits, et même davantage. La durée de la gestation est de trente jours. La parturition a lieu du printemps jusqu'en automne; elle se fait dans un nid composé de foin, de paille, etc., et placé dans son trou ou dans son terrier.

Observat. — Le Rat surmulot, probablement originaire de l'Asie centrale, s'est répandu peu à peu sur toute la terre. Il a dû arriver en Normandie vers le milieu du dix-huitième siècle, et a chassé et détruit le Rat noir, beaucoup plus faible que lui. Ce dernier, qui pullulait jadis dans nos villes, y est maintenant assez rare et se trouve relégué, en partie, dans les campagnes, où on le rencontre très-fréquemment. L'envahissement du Rat surmulot et sa domination sur le Rat noir, constituent l'un des innombrables exemples de survivance du plus apte dans la lutte incessante que soutiennent, pour leur existence, les espèces animales et végétales.

Toute la Normandie. — T. C.

2. **Mus rattus** L. — Rat noir.

Mus alexandrinus E. Geoffr.; *M. tectorum* Savi.; *M. leucogaster* Pictet.

Rat (mâle); Rate (femelle); Raton (jeune).

BERT. — *Op. cit.*, p. 37; tir. à part, p. 13.
DE LA FONTAINE. — *Op. cit.*, p. 75.
FATIO. — *Op. cit.*, p. 197 et 259; pl. VI, fig. 10, 11 et 12.
GENTIL. — *Op. cit.*, p. 35 et 36; tir. à part, p. 21 et 22.
TROUESSART. — *Op. cit.*, p. 136 et 139; fig. 68.

Le Rat noir habite les greniers, les hangars, les granges, les jardins, et, d'une façon générale, tous les endroits fréquentés par l'Homme. Il se loge dans les trous qu'il rencontre ou qu'il fait lui-même. C'est un animal peu sociable et parfois féroce envers les autres individus de son espèce. Ses mœurs sont particulièrement nocturnes; toutefois, il sort fréquemment pendant le jour. Ses mouvements sont vifs; il grimpe à merveille, court très-vite, fait souvent des bonds en courant, nage avec facilité, cependant moins bien que le Rat surmulot, et ne se met pas à l'eau à moins d'y être forcé. Il est essentiellement omnivore. Sa nourriture se compose d'aliments végétaux et animaux. Il ronge tout ce qu'il trouve, et attaque aussi des Oiseaux et les petits Mammifères. La femelle fait annuellement de deux à quatre portées, chacune de trois à dix petits. La durée de la gestation est de trente jours. La parturition a lieu du printemps jusqu'en automne ; elle se fait dans un nid composé de foin, de paille, etc., placé dans sa demeure, consistant dans un trou de mur ou quelque autre cachette.

Observat.—Le Rat noir, probablement originaire de l'Asie centrale, s'est répandu peu à peu sur toute la terre, mais le Rat surmulot lui fait une guerre à mort.

Toute la Normandie. — T. C. dans les campagnes. A. R. dans l'intérieur des villes et dans les localités où le Rat surmulot est abondant.

3. **Mus musculus** L. — Rat souris.

Mus hortulanus Nordm.; *M. incertus* Savi ; *M. minor* Klein.

Souris commune ; S. domestique ; S. ordinaire ; S. vulgaire.

Souris (mâle et femelle) ; Souriceau (jeune).

Bert. — *Op. cit.*, p. 37; tir. à part, p. 13.
De la Fontaine. — *Op. cit.*, p. 77.
Fatio. — *Op. cit.*, p. 202 et 259 ; pl. VI, fig. 13.
Gentil. — *Op. cit.*, p. 35 et 37; tir. à part, p. 21 et 23.
Trouessart.—*Op. cit.*, p. 136 et 143; fig. 67 (p. 135 et 145).

Le Rat souris ou Souris commune habite les caves, les appartements et les greniers des maisons, les celliers, les hangars, les granges, les moulins, les champs, et, d'une façon générale, tous les endroits fréquentés par l'Homme. Les petits trous qu'il rencontre ou qu'il se fait lui-même lui servent de cachette. C'est un animal sociable, mais qui, cependant, se bat souvent avec ses semblables. Ses mœurs sont particulièrement nocturnes ; toutefois, il sort très-fréquemment pendant le jour. Ses mouvements sont très-vifs. Il grimpe à merveille, court avec une grande rapidité, fait parfois des bonds en courant, peut nager, mais ne va pas à l'eau à moins d'y être forcé. Il est essentiellement omnivore.

Sa nourriture se compose d'aliments végétaux et animaux. Il ronge tout ce qu'il trouve. La femelle fait annuellement de trois à six portées, chacune de quatre à dix petits. La durée de la gestation est de vingt-deux à vingt-quatre jours. La parturition a lieu du printemps jusqu'en automne, et même en hiver : elle se fait dans un nid composé de foin, de paille, de papier, de plumes, de copeaux, etc., et placé dans les endroits des plus différents.

Toute la Normandie. — T. C.

4. **Mus sylvaticus** L. — Rat mulot.

Mus agrorum Briss.; *M. campestris* Holandre (*nec* F. Cuv. et E. Geoffr.).

Souris des bois.

Mulot.

Bert. — *Op. cit.*, p. 37 et 38; tir. à part, p. 13 et 14.
De la Fontaine. — *Op. cit.*, p. 78.
Fatio. — *Op. cit.*, p. 210 et 259.
Gentil. — *Op. cit.*, p. 35 et 36; tir. à part, p. 21 et 22.
Trouessart. — *Op. cit.*, p. 136 et 146; fig. 68 et 69.

Le Rat mulot habite les forêts, les bois, les champs, les plaines, les jardins, etc., et se retire souvent, pendant la mauvaise saison, dans les granges, voire même dans les habitations de l'Homme. Il vit dans les terriers qu'il se creuse, généralement à une faible profondeur au-dessous de la surface du sol, soit dans les champs et les plaines, soit dans les lieux boisés, sous les buissons et les souches. C'est un animal assez sociable. Ses mœurs sont particulièrement nocturnes; toutefois, il sort fréquemment pendant le jour. Ses mouvements sont très-vifs. Il est très-bon grimpeur, progresse surtout en sautant, et peut nager au besoin. Sa nourriture se compose de fruits secs, tels que glands, faînes,

noix, noisettes, etc., de graines, de Vers, d'Insectes, d'œufs
et de petits Oiseaux, etc., et, au besoin, d'écorces d'arbres.
Il amasse des provisions pour l'hiver. La femelle fait annuellement de deux à quatre portées, chacune de quatre à dix
petits. La durée de la gestation est semblable, très-probablement, à celle du Rat souris, mais je n'ai pas trouvé
d'indication à ce sujet dans les ouvrages que j'ai consultés.
La parturition a lieu du printemps jusqu'en automne, et se
fait dans un nid composé d'herbes sèches, de feuilles et de
mousse, placé dans son terrier.

Toute la Normandie. — T. C.

5. **Mus minutus** Pall. — Rat nain.

Mus campestris F. Cuv. et E. Geoffr. (*nec* Holandre); *M. mes-*
sorius Shaw; *M. parvulus* Herm.; *M. pendulinus* Herm.;
M. soricinus Herm.

Rat des moissons.
Souris naine.

Bert. — *Op. cit.*, p. 37 et 38; tir. à part, p. 13 et 14.
De la Fontaine. — *Op. cit.*, p. 81.
Fatio. — *Op. cit.*, p. 215 et 259.
Gentil. — *Op. cit.*, p. 35 et 37; tir. à part, p. 21 et 23.
Trouessart. — *Op. cit.*, p. 136 et 149; fig. 70.

Le Rat nain habite les champs, les prairies, les taillis, etc.,
particulièrement les moissons et les roseaux, et passe généralement la mauvaise saison dans une grange, dans un tas
de bois, ou dans un trou qu'il creuse en terre. Ce charmant
petit animal est sociable et sort de nuit et de jour. Ses
mouvements sont des plus vifs et des plus gracieux. Il
grimpe avec la plus grande agilité, en s'aidant de la queue,
dont une partie est prenante, court très-rapidement et

nage et plonge à merveille. Sa nourriture se compose particulièrement de graines et d'Insectes. Il emmagasine des provisions pour la mauvaise saison. La femelle fait annuellement deux ou trois portées, chacune de trois à neuf petits. La durée de la gestation est de vingt-et-un jours. La parturition a lieu du printemps jusqu'en automne, et se fait dans un nid en forme de boule, que la femelle a construit avec des brins d'herbes entrelacés et peu serrés, et qu'elle a suspendu, à une petite distance au-dessus du sol, à des tiges de céréales, parmi les grandes herbes des prairies, dans des roseaux, ou, parfois dans des buissons.

Toute la Normandie. — P. C. en général. C. dans quelques localités.

D'après M. E. Doutté [1], cette espèce est très-abondante à Saint-Amand-des-hautes-Terres (Eure). « Chose curieuse, écrit-il, le *Mus minutus* remplace complètement dans cette région le *Mus sylvaticus* L. Je n'ai jamais pu m'y procurer un échantillon de ce dernier, tandis que l'autre y est on ne peut plus commun. C'est un fait assez singulier chez le *Mus minutus*, une de ces espèces peu nombreuses en histoire naturelle, qui, quoique répandues partout, sont également rares dans toutes les régions ».

2ᵉ Genre. *ARVICOLA* — CAMPAGNOL.

1. **Arvicola glareolus** Schreb. — Campagnol roussâtre.

Arvicola fulvus Millet (*nec* Selys) ; *A. rufescens* Selys.
Hypudaeus Nageri Schinz.
Lemmus rubidus Baill.
Mus rutilus Pall.

---

1. E. Doutté. — *Promenade d'un Naturaliste a Saint-Amand-des-hautes-Terres (Eure)*, in Feuille des Jeunes Naturalistes, Paris, nᵒ 159, 1ᵉʳ janvier 1884, p. 26.

Myodes bicolor Fatio.

Campagnol des bois; C. des grèves; C. des sables; C. fauve.

BERT. — *Op. cit.*, p. 38 et 39; tir. à part, p. 14 et 15.

DE LA FONTAINE. — *Op. cit.*, p. 88.

FATIO. — *Op. cit.*, p. 221 et 259.

GENTIL. — *Op. cit.*, p. 38; tir. à part, p. 21.

TROUESSART. — *Op. cit.*, p. 155 et 158; fig. 72 : 1, 2, 8 (*A. glareolus* Schreb.), 3, 4, 9, 10 (*A. glareolus* Schreb. var. *Nageri* Schinz); et fig. 73 (*A. glareolus* Schreb.).

Le Campagnol roussâtre habite les prairies humides, le bord des eaux, les plaines, les champs, les endroits boisés, etc., et vit dans des terriers peu complexes, qu'il creuse généralement dans les berges des cours d'eau; souvent il se contente d'un trou peu profond, d'un gîte sous un amas d'herbe ou de paille, ou d'une cachette sous des pierres. C'est un animal sociable, qui sort de nuit et de jour. Il court, grimpe et saute bien. Sa nourriture se compose particulièrement de fruits secs, tels que glands, faînes, châtaignes, etc., et de racines; mais il mange aussi des graines, des bourgeons et des écorces d'arbres, des Vers, des Insectes, des œufs et des petits Oiseaux, des cadavres d'animaux, etc. Il emmagasine dans sa retraite des provisions pour la saison froide. La femelle fait annuellement de deux à quatre portées, chacune de quatre à huit petits. La parturition a lieu dans un nid composé d'herbes sèches, de mousse, de poils, etc., et placé dans quelque cavité, à la surface du sol, au milieu d'une touffe d'herbes ou sous des racines. A l'âge de six semaines, les jeunes ont déjà presque atteint la taille de leurs parents.

Toute la Normandie. — P. C.

2. **Arvicola amphibius** L.—Campagnol amphibie.

Arvicola Musiniani Selys.
Lemmus schermaus F. Cuv.
Mus amphibius L.; *M. terrestris* L.

Campagnol aquatique; C. terrestre.

Rat d'eau; R. d'iaou.

Observat. — Le Rat surmulot (*Mus decumanus* Pall.), se trouvant fréquemment dans les mêmes localités que l'*Arvicola amphibius* L., est souvent confondu avec ce dernier, par les personnes étrangères à la zoologie, sous la dénomination commune de *Rat d'eau;* mais ce nom vulgaire ne doit être appliqué qu'à l'*Arvicola amphibius* L.

BERT. — *Op. cit.*, p. 38; tir. à part, p. 14.
DE LA FONTAINE. — *Op. cit.*, p. 82 et 83.
FATIO.—*Op. cit.*, p. 227 et 259; pl. VI, fig. 15; (var. terrestre).
GENTIL. — *Op. cit.*, p. 38 et 39; tir. à part, p. 24 et 25.
TROUESSART. — *Op. cit.*, p. 155 et 163.

Le Campagnol amphibie habite de préférence le long des rivières, des ruisseaux, des marais et des étangs, et vit dans des terriers peu complexes qu'il creuse dans les bords. La var. *terrestris* L. s'éloigne souvent des eaux, mais n'a pas, comme son nom semblerait l'indiquer, des habitudes exclusivement terrestres. Cette variété se creuse des galeries souterraines plus larges que celles de la Taupe commune, et situées généralement presque à la surface du sol. En creusant, l'animal rejette la terre au dehors, comme le fait la Taupe, mais ces petites buttes de terre, larges, irrégulières et basses, se distinguent aisément des véritables taupinières. Le Campagnol amphibie est un animal peu sociable, qui sort de nuit et de jour. Sa course n'est pas très-rapide, mais il nage fort bien. Sa nourriture se compose de racines, de bulbes, d'herbes, de Crustacés, d'Insectes, de frai de

Poisson et de Poissons, de Grenouilles, d'œufs et de petits Oiseaux, etc. Il emmagasine dans son terrier des provisions pour la saison froide. La femelle fait annuellement de deux à quatre portées, chacune de deux à huit petits. La parturition a lieu du commencement du printemps jusqu'en automne, et se fait dans un nid de forme ronde, bien rembourré avec de l'herbe et des feuilles, et placé le plus généralement à une certaine profondeur ; exceptionnellement, pendant l'été, à la surface du sol dans des buissons épais.

Toute la Normandie. — C.

3. **Arvicola arvalis** Pall.—Campagnol des champs.

Arvicola (Mus) arvalis Pall. (*nec* Bonap., *nec* Sund.);
   A. arvensis Schinz; *A. fulvus* Selys (*nec* Millet);
   A. vulgaris Desm.

Campagnol commun; C. ordinaire; C. vulgaire.

BERT. — *Op. cit.*, p. 38; tir. à part, p. 14.
DE LA FONTAINE. — *Op. cit.*, p. 86.
FATIO. — *Op. cit.*, p. 234 et 259.
GENTIL. — *Op. cit.*, p. 38 et 39; tir. à part, p. 24 et 25.
TROUESSART. — *Op. cit.*, p. 155 et 172; fig. 72 : 16, 19 et 21.

Le Campagnol des champs habite de préférence les champs et les plaines cultivés, et moins souvent les endroits incultes et boisés. Il vit dans des terriers qu'il creuse en terre et qui débouchent à la surface du sol par plusieurs ouvertures, reliées les unes aux autres par des sentiers battus, légèrement excavés. Pendant la mauvaise saison, il pénètre parfois dans les granges, voire même dans les maisons des campagnes. C'est un animal très-sociable, qui vit généralement en troupes plus ou moins nombreuses dans des terriers placés les uns à côté des autres. Ses mœurs sont autant diurnes que nocturnes. Sa course n'est pas très-rapide. Il redoute moins la sécheresse que l'humidité. Sa nourriture se compose particulièrement de racines, de raves, de carottes, de graines, notamment de céréales et d'herbes fraîches; mais il mange aussi des fruits secs, tels que glands, faines, noisettes, des baies, etc. Il emmagasine dans son terrier des provisions pour la saison froide. Il accomplit parfois des migrations, dans les temps de disette. La femelle fait annuellement de quatre à sept portées, chacune de quatre à huit petits. La durée de la gestation est de vingt jours. La parturition a lieu du printemps jusqu'en automne, et se fait dans un nid de forme arrondie, composé particulièrement d'herbes sèches, et placé, pendant la belle saison, à la surface du sol au milieu d'une épaisse touffe d'herbes, ou quelquefois sous terre, lorsque la saison est froide.

Toute la Normandie. — T. C. — Cette espèce pullule, dans certaines années, sur différents points de la région normande.

4. **Arvicola subterraneus** Selys — Campagnol souterrain.

Arvicola arvalis Bonap. (*nec* Pall. (*Mus*), *nec* Sund.); *A. Gerbei* de l'Isle; *A. incertus* Selys; *A. pyrenaïcus* Selys; *A. Savii* Selys; *A. Selysii* Gerbe.
Lemmus pratensis Baill.

BERT. — *Op. cit.*, p. 38; tir. à part, p. 14.

DE LA FONTAINE. — *Op. cit.*, p. 85.

GENTIL. — *Op. cit.*, p. 38 et 40; tir. à part, p. 24 et 26.

TROUESSART. — *Op. cit.*, p. 155 et 177; fig. 72 : 5, 11, (*A. subterraneus* Selys), 6 (*A. subterraneus* var. *pyrenaïcus* Selys), 7 (*A. subterraneus* var. *incertus* Selys), 7, 12 (*A. subterraneus* var. *Savii* Selys), 11 (*A. subterraneus* var. *Selysii* Gerbe); et fig. 71 et 76 (*A. subterraneus*).

Le Campagnol souterrain habite les prairies, les champs cultivés, les jardins potagers, etc.; il aime le voisinage des eaux et ne se trouve pas dans les terrains sablonneux ou argileux. Ses habitudes sont beaucoup plus souterraines que celles des espèces précédentes. Il passe une grande partie de son existence dans des galeries très-complexes qu'il a creusées; toutefois, il vient à la surface du sol plus souvent que ne le fait la Taupe commune; sa démarche est alors embarrassée. Chaque couple vit solitaire. Cet animal peu sociable a des mœurs nocturnes; cependant, il sort aussi pendant le jour. Sa nourriture se compose de racines, de tubercules, d'oignons, de carottes, de raves, etc. Il emmagasine dans son terrier des provisions pour la saison froide. La femelle fait annuellement jusqu'à six portées, chacune de deux à quatre petits, jamais de plus. La durée de la gestation est de vingt jours. La parturition a lieu du printemps jusqu'en automne, et se fait dans un nid souterrain, placé dans l'une de ses galeries.

Brehm écrit[1], sans malheureusement indiquer la source où il a pris ce renseignement, que le Campagnol souterrain a été rencontré en Normandie. — Un exemplaire empaillé de cette espèce, portant l'indication de « Gisors », et déterminé par Trouessart, est conservé au Muséum d'Histoire naturelle de cette ville.

4° Famille. *DUPLICIDENTIDAE* — DUPLICIDENTIDÉS.

1er Genre. *LEPUS* — LIÈVRE.

1. Lepus europaeus Pall. — Lièvre commun.

Lepus timidus L. (*partim*).

Lièvre d'Europe; L. ordinaire; L. timide; L. vulgaire.

---

1. *Op. cit.*, t. II, p. 147.

Bouquin (mâle, et, notamment, le vieux mâle); Hase (femelle); Levraut (jeune).

Hairi; Héri; Levret (jeune); Lieuvre; Lième.

BERT. — *Op. cit.*, p. 39; tir. à part, p. 15.

DE LA FONTAINE. — *Op. cit.*, p. 90.

FATIO. — *Op. cit.*, p. 247 et 259; pl. VI, fig. 18, et pl. VIII, fig. 2.

GENTIL. — *Op. cit.*, p. 40; tir. à part, p. 26.

TROUESSART. — *Op. cit.*, p. 183 et 184.

Le Lièvre commun habite les champs, les plaines, les forêts, les bois, les broussailles, etc. Sa demeure, connue sous le nom de *gîte*, consiste en une légère excavation qu'il fait à la surface du sol, en grattant un peu la terre, soit dans une touffe d'herbes, soit au pied d'un arbre, sous un buisson, dans un sillon, etc. Il ne creuse jamais de terrier. Cet animal vit habituellement solitaire, ou par couple. Il est très-craintif. Ses mœurs sont particulièrement nocturnes, et, tant qu'il n'est pas dérangé, il reste ordinairement dans son gîte pendant le jour. Sa course est très-rapide et consiste en une suite de bonds. Lorsqu'il progresse sans être inquiété, il fait de petits sauts assez lents, mais quand il est effrayé ou poursuivi, il fait des bonds grands et rapides. Il peut nager, mais ne se met jamais à l'eau sans y être forcé. Sa nourriture se compose d'herbes, de céréales, de plantes fourragères, de légumes, de racines, etc.; au besoin, il ronge des écorces d'arbres. La femelle fait annuellement de trois à quatre portées, et, par exception, une cinquième lorsque la saison est très-favorable. Chacune de ces portées se compose de un à cinq petits. La durée de la gestation est de trente à trente-et-un jours. La parturition a lieu de février en août, et se fait dans une simple dépression du sol, sous des herbes, sous des branches, sur des feuilles sèches, et même sur le sol nu. Les jeunes sont déjà capables de se reproduire à l'âge d'un an, mais ce n'est qu'à l'âge de quinze mois qu'ils ont atteint leur complet développement.

Toute la Normandie. — T.C.

2. Lepus cuniculus L. — Lièvre lapin.

Lapin commun; L. de bois; L. de garenne; L. ordinaire; L. vulgaire.

Lapin (mâle); Lapine (femelle); Lapereau (jeune). Laperet (jeune).

BERT. — *Op. cit.*, p. 39; tir. à part, p. 15.
DE LA FONTAINE. — *Op. cit.*, p. 93.
FATIO. — *Op. cit.*, p. 256 et 259.
GENTIL. — *Op. cit.*, p. 40 et 41; tir. à part, p. 26 et 27.
TROUESSART. — *Op. cit.*, p. 183 et 188; fig. 77 et 79.

Le Lièvre lapin ou Lapin de garenne habite les forêts, les bois, les broussailles, les ravins, les champs, les plaines, les landes, et, d'une façon générale, tous les endroits, de préférence dans les terrains secs, où il peut trouver à se nourrir et à se cacher. Sa véritable demeure est un terrier profond qu'il creuse dans le sol, mais il se fait aussi des abris, appelés *gîtes*, à la surface du sol, où il se retire temporairement, pendant le jour. Chaque terrier se compose d'une chambre principale, le donjon, assez profond, et d'un véritable labyrinthe de couloirs anguleux et de galeries qui se croisent, communiquent les uns dans les autres, forment des carrefours ou se terminent en cul de sac. Les terriers sont généralement voisins les uns des autres; mais chaque couple habite le sien sans y souffrir d'étrangers; assez souvent, cependant, les galeries de plusieurs terriers communiquent entre elles. Le Lapin de garenne est un animal très-sociable, qui cherche sa nourriture et prend ses ébats en compagnie, sans s'éloigner beaucoup de l'endroit, appelé *garenne*, où se trouvent réunis son terrier et ceux de ses voisins. Ses mœurs sont particulièrement nocturnes. D'ordinaire, s'il n'est pas dérangé, il se tient durant le jour dans son terrier ou dans un *gîte* fait par lui, semblable à celui du Lièvre commun, et placé sous un buisson, dans une touffe d'herbes, dans la bruyère, etc.; cependant, il se montre fréquemment aussi pendant le jour, surtout si l'endroit où il habite est assez fourré pour lui permettre de prendre sa nourriture sans être vu. Sa course est très-rapide, et irrégulière, par suite des nombreux crochets qu'il décrit en courant. Lorsqu'il progresse sans être inquiété, il fait de petits sauts assez lents, mais quand il est effrayé ou poursuivi, il fait des bonds assez grands et rapides. Sa nourriture se compose d'herbes, de plantes herbacées, de céréales, de plantes fourragères, de légumes, de racines, d'écorces d'arbres, etc. La femelle fait annuellement de trois à six, et jusqu'à sept et même huit portées. Chacune de ces portées se compose de deux à huit petits; exceptionnellement, leur nombre s'élève jusqu'à douze. La durée de la gestation est de trente à trente-et-un jours. La parturition a lieu depuis février jusqu'en automne, et se fait dans un terrier que la femelle creuse exprès dans le sol, quelques jours avant de mettre bas, pour y déposer sa progéniture. Ce terrier, généralement, a environ un mètre de profondeur. Il est habituellement plus ou moins coudé, parfois droit, et toujours dirigé obliquement en bas, dans le sol. Le fond en est évasé, circulaire, et garni d'une couche d'herbes sèches, au-dessus de laquelle se trouve une autre couche, formée de poils duveteux que la femelle s'est arrachés du ventre, et sur laquelle sont déposés les petits. Après avoir mis bas et allaité ses petits, la femelle abandonne le nid, en ayant le soin d'en boucher l'entrée avec une grande partie de la terre provenant du déblai. Une fois l'ouverture obstruée, elle tasse la terre à l'aide de ses pattes. Tant que les petits n'ont pas encore ouvert leurs paupières, l'entrée du nid est complètement fermée, mais lorsqu'ils commencent à y voir, la femelle ménage dans l'entrée une petite ouverture qu'elle agrandit de plus en plus, à mesure que ses petits deviennent plus forts. Dans les pays chauds, les jeunes sont déjà capables de se reproduire à l'âge de cinq mois, et à huit mois dans les contrées plus froides. A l'âge d'un an, ils ont atteint leur complet développement.

Toute la Normandie. — T. C.

4e Ordre. *CARNIVORA* — CARNIVORES.

1re Famille. *MUSTELIDAE* — MUSTÉLIDÉS.

1er Genre. *MELES* — BLAIREAU.

1. Meles taxus Schreb. — Blaireau commun.

Meles europaeus Desm.
Taxus vulgaris Tiedem.
Ursus meles L.

Blaireau d'Europe; B. ordinaire; B. vulgaire.—B. à museau de Chien; B. à museau de Cochon.

Bedou; Blariau; Blerel; Blieret; Bloreau; Taisson.

BERT. — *Op. cit.*, p. 33; tir. à part, p. 9.
DE LA FONTAINE. — *Op. cit.*, p. 28.
FATIO. — *Op. cit.*, p. 308 et 343; pl. VIII, fig. 7.
GENTIL. — *Op. cit.*, p. 46; tir. à part, p. 32.
TROUESSART. — *Op. cit.*, p. 199; fig. 83.

Le Blaireau commun habite les forêts et les bois, de préférence ceux qui se trouvent dans des terrains accidentés et montagneux. Il se creuse pour demeure, habituellement au pied ou entre les racines des arbres, un terrier profond, composé d'une chambre principale, le donjon, auquel aboutissent plusieurs couloirs, et de galeries généralement tortueuses, pourvues de plusieurs issues. Il vit ordinairement solitaire, ou par couple. C'est un animal surtout nocturne, mais qui sort parfois de son terrier pendant le jour. Sa démarche est lourde et sa course peu rapide. Il est omnivore. Sa nourriture habituelle se compose de petits Mammifères, de Lièvres, de Lapins, d'œufs et d'Oiseaux, de Reptiles, de Grenouilles, d'Insectes, de Mollusques, de Vers, de racines, de fruits, de graines, de miel dont il est très-friand, etc., voire même de cadavres d'animaux. Il amasse des provisions dans sa demeure, pour la saison d'hivernage. La femelle fait annuellement une portée de trois à cinq petits. La durée de la gestation est de dix à douze semaines. La parturition a lieu généralement à la fin de février ou au commencement de mars, et se fait dans le donjon du terrier, garni d'un lit épais de mousse, de feuilles et d'herbes. Au bout de neuf mois environ, les jeunes sont aptes à se reproduire. Ils sont complètement adultes la seconde année de leur existence.

Toute la Normandie. — P. C. en général. A. C. dans quelques localités.

2° Genre. *MARTES* — MARTE.

1. **Martes foina** Briss. — Marte fouine.

Martes fagorum Ray.
Mustela martes L. var. *fagorum* L.

Marte des hêtres.

Fouine; Martre musquée.

Bert. — *Op. cit.*, p. 33; tir. à part, p. 9.
De la Fontaine. — *Op. cit.*, p. 35.
Fatio. — *Op. cit.*, p. 318 et 343; pl. VIII; fig. 6, 8 et 9.
Gentil. — *Op. cit.*, p. 47; tir. à part, p. 33.
Trouessart. — *Op. cit.*, p. 201; fig. 83 *bis*.

La Marte fouine habite les forêts et les bois, mais elle s'approche fréquemment des lieux habités par l'Homme et s'y réfugie même pendant la saison froide. Sa demeure est installée dans un arbre creux, un tas de fagots, ou quelque autre cachette. Elle vit généralement solitaire. C'est un animal particulièrement nocturne, qui ne sort que peu de temps avant le coucher du soleil. La Marte fouine est extrêmement agile, grimpe avec une très-grande souplesse, progresse plutôt par bonds que par une marche régulière, et nage bien. Ses instincts sont éminemment sanguinaires. Sa nourriture se compose principalement de Lièvres, de Lapins, d'œufs et d'Oiseaux, souvent d'Oiseaux de basse-cour, de petits Mammifères, de Reptiles, de fruits, etc.; elle recherche avec avidité le miel. La femelle fait annuellement une portée de deux à cinq petits. La durée de la gestation est d'environ neuf semaines. La parturition a lieu en avril ou mai, et se fait dans un nid composé de mousse et de feuilles, souvent placé dans un arbre creux, dans un tas de fagots, ou, parfois, sur du foin, dans un grenier.

Toute la Normandie. — A. C.

2. **Martes abietum** Ray — Marte des pins.

Martes vulgaris Griff.
Mustela martes L. var. *abietum* L.

Marte commune; M. ordinaire; M. vulgaire.

Martre dorée.

Bert. — *Op. cit.*, p. 33; tir. à part, p. 9.
De la Fontaine. — *Op. cit.*, p. 33.
Fatio. — *Op. cit.*, p. 315 et 343.
Gentil. — *Op. cit.*, p. 47; tir. à part, p. 33.
Trouessart. — *Op. cit.*, p. 201 et 203; fig. 84.

La Marte des pins habite les forêts et les bois, de préférence celles de Conifères, et ne s'approche pas, comme le fait la Marte fouine, des endroits habités par l'Homme. Sa demeure est installée dans un arbre creux, un vieux nid d'Oiseau, etc. Elle vit généralement solitaire. C'est un animal particulièrement nocturne, qui ne sort que peu de temps avant le coucher du soleil. Cette espèce est extrêmement agile et grimpe aux arbres avec la plus grande facilité. Sa course ressemble à celle de la Marte fouine, mais elle progresse souvent d'une façon plus régulière; elle nage bien. Ses instincts sont éminemment sanguinaires. Sa nourriture se compose principalement de Lièvres, de Lapins, de petits Mammifères, d'œufs et d'Oiseaux, de fruits, etc.; elle recherche avidement le miel. La femelle fait annuellement une portée de deux à cinq petits. La durée de la gestation est de neuf semaines. La parturition a lieu en avril ou mai (un mois plus tôt, paraît-il, que chez la Marte fouine), et se fait dans un nid composé de mousse et de feuilles, habituellement placé dans un arbre creux ou dans un vieux nid d'Oiseau. Les jeunes, six semaines à deux mois après leur naissance, commencent à suivre leur mère sur les branches voisines de leur nid.

Toute la Normandie. — T. R.

Chesnon[1], dans son *Essai sur l'Histoire naturelle de la Normandie* (p. 91), et Bouchard[2], dans sa Faune du canton de Gisors (Eure) (p. 18), font mention de cette espèce. Passy[3], dans sa *Notice sur la forêt de Lyons*, écrit qu'on a tué récemment de fort belles Martes dans cette forêt. (Il s'agit évidemment ici de la Marte des pins, puisque, dans la ligne qui précède, il mentionne la Marte fouine). Bouchard, dans une communication manuscrite, m'a informé que cette

1 et 2. Voir Bibliogr.

3. Louis Passy. — *Notice sur la forêt de Lyons*, in Recueil des Travaux de la Soc. libre d'Agriculture, Sciences, Arts et Belles-Lettres de l'Eure, 4e sér., t. IV, ann. 1878 et 1879, p. 94.

espèce existe dans la forêt de Gisors (Eure), où elle est
très-rare. — Etc.

Je pense que la Marte des pins doit se trouver, mais en
très-petit nombre, dans plusieurs des grandes forêts normandes.

3ᵉ Genre. *MUSTELA* — BELETTE.

1. Mustela vulgaris Briss. — Belette vulgaire.

Foetorius vulgaris Keys. et Blas.
Mustela gale Pall.; *M. nivalis* L.; *M. vulgaris* Briss. (*nec*
Thomps.).

Belette commune; B. ordinaire.

Belette.

BERT. — *Op. cit.*, p. 33 et 34; tir. à part, p. 9 et 10.
DE LA FONTAINE. — *Op. cit.*, p. 36.
FATIO. — *Op. cit.*, p. 332 et 343.
GENTIL. — *Op. cit.*, p. 48 et 49; tir. à part, p. 34 et 35.
TROUESSART. — *Op. cit.;* p. 207; fig. 85.

La Belette vulgaire habite les endroits boisés, les plaines,
les champs, les vergers, s'approche fréquemment des
endroits habités par l'Homme, et se réfugie souvent, pendant la saison froide, dans les greniers, les granges et les
écuries. Elle établit sa demeure dans un arbre creux, sous
un tas de pierres, au pied d'une haie, dans une taupinière
ou un terrier de petit Rongeur, dans une vieille masure,
etc. Elle vit en général par couple ou par petite famille.
Souvent, elle se bat avec ses semblables. C'est un animal
plutôt nocturne, qui, néanmoins, se montre fréquemment
pendant le jour. La Belette vulgaire est très-agile, grimpe
avec souplesse et nage très-bien. Sa course est légère et consiste en une suite de bonds précipités. Ses instincts sont
éminemment sanguinaires. Sa nourriture se compose de

petits Mammifères, d'œufs et d'Oiseaux, souvent d'Oiseaux de basse-cour, de Lapins, de Levrauts, de Reptiles, de Grenouilles, au besoin de Mollusques, etc. La femelle fait annuellement une portée de trois à huit petits. La durée de la gestation est de cinq semaines. La parturition a lieu en mai ou juin, et se fait dans un nid composé d'herbes sèches, de feuilles et de mousse, habituellement placé dans un arbre creux, dans une taupinière, le terrier de quelque petit Rongeur, ou un grenier. Les jeunes sont nourris pendant plusieurs mois par leur mère.

Toute la Normandie. — C.

2. **Mustela erminea** L. — Belette hermine.

Foetorius erminea Keys. et Blas.
Mustela candida Ray; *M. vulgaris* Thomps. (*nec* Briss.).

Hermine; Herminette; Laitisse; Létiche; Lettice (en pelage d'hiver); Roselet; Roseleu; Rosereu; Roseu; Rouvrai; Rouvreuil (en pelage d'été).

Bert. — *Op. cit.*, p. 33 et 34; tir. à part, p. 9 et 10.
De la Fontaine. — *Op. cit.*, p. 38.
Fatio. — *Op. cit.*, p. 328 et 343.
Gentil. — *Op. cit.*, p. 48 et 49; tir. à part, p. 34 et 35.
Trouessart. — *Op. cit.*, p. 207 et 209; fig. 86.

La Belette hermine habite les endroits boisés et les plaines, affectionne le bord des eaux, et s'aventure aussi dans les champs, les prairies, et dans le voisinage des endroits habités par l'Homme. Elle établit sa demeure dans un arbre creux, un tas de pierres, une taupinière, un terrier de petit Rongeur, ou une crevasse de rocher. Ses mœurs sont presque semblables à celles de la Belette vulgaire. C'est un animal nocturne, qui ne sort guère, pendant le jour, qu'au moment où il a des petits. Comme la Belette vulgaire, l'Hermine est très-leste, grimpe avec agilité; court et bondit avec beaucoup de souplesse, et nage admirablement. Ses instincts sont éminemment sanguinaires. Sa nourriture se compose de petits Mammifères, de Lapins, de Levrauts, d'œufs et d'Oiseaux, de Reptiles, etc. La femelle fait annuellement une portée de cinq à huit petits. La durée de la gestation est sans doute égale à celle de la gestation de la Belette vulgaire; mais je n'ai pu trouver aucun renseignement précis à cet égard. La parturition a lieu en mai ou juin, et se fait sur une couche molle d'herbes sèches et de mousse, dans une taupinière, un arbre creux, un terrier de petit Rongeur, ou dans quelque autre endroit bien caché. Les jeunes ne quittent leur mère qu'à l'arrivée de la saison froide, lorsqu'ils sont presque adultes.

Toute la Normandie. — A. R.

3. **Mustela putorius** L. — Belette putois.

Foetorius putorius Keys. et Blas.
Mustela Eversmanni Less.
Putorius communis G. Cuv.; *P. foetidus* Gray.

Putois commun; P. fétide; P. ordinaire; P. vulgaire.

Pitois; Pitou; Pitouais.

Bert. — *Op. cit.*, p. 33; tir. à part, p. 9.
De la Fontaine. — *Op. cit.*, p. 37.
Fatio. — *Op. cit.*, p. 324 et 343.
Gentil. — *Op. cit.*, p. 48; tir. à part, p. 34.
Trouessart. — *Op. cit.*, p. 207 et 211; fig. 87.

La Belette putois ou Putois commun habite les forêts, les bois, les champs, les plaines, et se rapproche souvent des habitations humaines. Elle établit sa demeure dans un arbre creux, un tas de pierres, le terrier abandonné de quelque Rongeur, d'un Blaireau ou d'un Renard, et, au besoin, en creuse un elle-même. En hiver, elle se réfugie souvent dans les granges. Elle vit généralement solitaire. C'est un animal surtout nocturne. Il a des mouvements lestes et rapides, court et bondit avec légèreté, nage et plonge bien, mais grimpe avec moins d'agilité que les Martes. Ses instincts sont éminemment sanguinaires. Sa nourriture se compose de Lapins, de Lièvres, de petits Mammifères, d'œufs et d'Oiseaux, souvent d'Oiseaux de basse-cour, de Reptiles, de Grenouilles, de Poissons, etc., et, à défaut d'autres proies, d'Insectes et de Mollusques; il recherche avidement le miel. Il amasse des provisions dans son terrier. La femelle fait annuellement une portée de trois à huit petits. La durée de la gestation est d'environ deux mois. La parturition a lieu en avril ou mai, et se fait dans un tas de bois ou de fagots, ou dans quelque autre cachette. A l'âge de six semaines, les petits accompagnent leur mère dans ses chasses, et, à la fin du troisième mois, ils ont à peu près atteint leur taille définitive.

Toute la Normandie. — A. C.

4. **Mustela lutreola** L. — Belette vison.

Lutra minor Erxl.
Foetorius lutreola Keys. et Blas.

Putois vison.
Vison d'Europe; V. du Poitou.

Petite Loutre; Pitois; Pitou; Pitouais.

Bert. — *Op. cit.*, p. 33 et 34; tir. à part, p. 9 et 10.
Fatio. — *Op. cit.*, p. 335 et 343.
Gentil. — *Op. cit.*, p. 48 et 49; tir. à part, p. 34 et 35.
Trouessart. — *Op. cit.*, p. 207 et 214; fig. 89, 90 et 91.

La Belette vison ou Putois vison habite le bord des eaux et se creuse un terrier peu compliqué dans la berge des rivières ou entre les racines des arbres situés au bord des cours d'eau, des marais et des étangs. Souvent, elle se tient sur quelque vieille souche ou dans un arbre creux, auprès de l'eau. Elle vit généralement solitaire. Ses mœurs sont particulièrement nocturnes. Elle court mal, ne grimpe pas aux arbres, mais elle nage et plonge parfaitement. Sa nourriture se compose de Poissons, de Grenouilles, de petits Rongeurs, d'Oiseaux, d'Ecrevisses, de Mollusques, d'Insectes, etc. La femelle fait annuellement une portée de trois à six petits, rarement de plus. La parturition a lieu en avril, en mai, ou au commencement de juin, et se fait dans son terrier ou dans un arbre creux. Les jeunes ont atteint leur complet développement au printemps de la seconde année.

Jusqu'en 1887, l'existence de la Belette vison ou Putois vison, en Normandie, n'était admise que d'après un renseignement assez vague. Aujourd'hui, grâce aux actives recherches de mon très-obligeant Collègue, M. A. Duquesne, cet intéressant Carnivore a tous les droits de figurer dans la Mammalogie normande.

Le renseignement assez vague dont je viens de parler a été publié par Pucheran[1], et consiste dans la phrase suivante : « ..... Nous avons appris plus tard..... que ce Putois habitait également le département de l'Orne ».

Dans sa collection zoologique, M. Duquesne possède un individu femelle, empaillé, de la Belette vison, pris à Corneville-sur-Risle (Eure), le 1er septembre 1879. Un autre individu a été tué dans la même localité, dans une cour, près de la Risle, au mois d'octobre 1887. Grâce à l'obligeance de M. Duquesne, j'ai pu soumettre l'individu empaillé et la peau du second individu, que mon Collègue m'avait procurée, à un zoologiste distingué, très-compétent en cette matière, M. Fernand Lataste, qui a reconnu

1. Pucheran. — *Note sur les stations, en France, du Putorius lutreola*, in Revue et Magas. de Zoologie pure et appliquée. Paris, 2e sér., t. XIII, mai 1861, p. 195.

que ces deux animaux appartenaient bien au *Mustela lutreola* L.

Ainsi, l'existence de la Belette vison est donc rigoureusement constatée dans le département de l'Eure et doit être considérée comme à peu près certaine dans le département de l'Orne, d'autant plus que la présence de ce Carnivore a été signalée dans l'Eure-et-Loir[1], le Loir-et-Cher[1], la Sarthe[1] et l'Ille-et-Vilaine[1], départements limitrophes ou très-voisins de celui de l'Orne.

Je suis à peu près certain que d'actives recherches feraient découvrir, sur différents points de la Normandie, la présence de la Belette vison ou Putois vison, qui a dû et doit être confondue encore, par les destructeurs de ces animaux, avec la Belette putois ou Putois commun.

Observat. — L'intérêt que présente cette espèce m'a déterminé à joindre à ce travail une planche reproduisant la Belette vison femelle qui figure actuellement dans la collection zoologique de M. Duquesne. La voussure du dos, attitude caractéristique de l'animal, a été copiée sur un dessin fait par Trouessart[2], d'après individu vivant de ce Carnivore, capturé à Angers (Maine-et-Loire).

4ᵉ Genre. *LUTRA* — LOUTRE.

1. **Lutra vulgaris** Erxl. — Loutre vulgaire.

Mustela lutra L.

Loutre commune; L. ordinaire.

BERT. — *Op. cit.*, p. 34; tir. à part, p. 10.
DE LA FONTAINE. — *Op. cit.*, p. 31.
FATIO. — *Op. cit.*, p. 339 et 343; pl. VIII, fig. 10.

1. Voir Trouessart. — *Op. cit.*, p. 216.
2. *Op. cit.*, fig. 91, p. 216.

GENTIL. — *Op. cit.*, p. 50; tir. à part, p. 36.

TROUESSART. — *Op. cit.*, p. 218; fig. 92.

La Loutre vulgaire habite le bord des eaux. Elle se creuse pour demeure un terrier dans la berge des rivières, de préférence dans les endroits élevés, ou 'au pied des arbres, sur le bord des rives, en utilisant ordinairement les trous qu'elle y rencontre. Ce terrier a toujours deux ouvertures : l'une sous l'eau et l'autre à la partie supérieure de la berge. Elle vit solitaire ou en société très-peu nombreuse. C'est un animal nocturne qui, cependant, pêche aussi en plein jour. La Loutre vulgaire marche peu facilement, mais elle nage et plonge avec une étonnante prestesse. Sa nourriture se compose particulièrement de Poissons et surtout de Truites; elle mange aussi des Grenouilles, des Ecrevisses, de petits Mammifères, des œufs et des Oiseaux, etc. La femelle fait annuellement une portée de deux, ou, plus généralement, de trois ou quatre petits. La durée de la gestation est de neuf semaines. La parturition a lieu à des époques assez variables, peut-être même presque en toute saison, et se fait dans son terrier, sur une couche molle d'herbes et de feuilles. A l'âge de huit semaines, les jeunes sont emmenés à la pêche par leur mère. Ils restent avec elle pendant six mois, et, à l'âge de trois ans, ils sont adultes et aptes à se reproduire.

Toute la Normandie. — P. C. en général. A. C. dans un certain nombre de localités.

2ᵉ Famille. *FELIDAE* — FÉLIDÉS.

1ᵉʳ Genre. *FELIS* — CHAT.

1. **Felis sylvestris** Briss. — Chat sauvage.

Felis catus L.

Chat (mâle); Chatte (femelle); Chaton (jeune).

Cat (mâle); Catte, Moute, (femelle); Caton, Catonnet, (jeune).

BERT. — *Op. cit.*, p. 35; tir. à part, p. 11.
DE LA FONTAINE. — *Op. cit.*, p. 68.
FATIO. — *Op. cit.*, p. 272 et 343; pl. VIII, fig. 3.
GENTIL. — *Op. cit.*, p. 43; tir. à part, p. 29.
TROUESSART. — *Op. cit.*, p. 225; fig. 94.

Le Chat sauvage habite particulièrement l'intérieur des grandes forêts, et se tient de préférence dans les endroits montueux. Ce n'est que poussé par la faim qu'il s'approche quelquefois, pendant l'hiver, des endroits habités par l'Homme. Il a, pour demeure, un arbre creux, une caverne, une fissure de rocher, ou un terrier abandonné de Blaireau, de Renard et même de Lapin, qu'il agrandit à sa commodité. Il vit ordinairement isolé, ou par couple. Le Chat sauvage est un animal nocturne, qui bondit avec souplesse et grimpe aux arbres avec une grande agilité. Il nage facilement, mais il a une grande aversion pour l'eau et ne s'y met pas sans y être forcé. Sa nourriture se compose de Lièvres, de Lapins, de petits Mammifères, d'Oiseaux, etc. La femelle fait annuellement une portée de quatre à six petits. La durée de la gestation est de neuf semaines. La parturition a lieu habituellement au mois d'avril, et se fait dans un arbre creux, une crevasse de rocher ou un terrier abandonné.

Jadis, le Chat sauvage devait probablement se rencontrer de temps à autre dans les grandes forêts de la Normandie; mais il y est devenu extrêmement rare, et doit être considéré comme presque complètement disparu de cette province. D'après Louis Passy[1], il n'était pas rare, il y a une dizaine d'années environ, dans la forêt de Lyons; toutefois, M. E. Labsolu m'écrivait, en 1887, que cet animal était inconnu

1. *Op. cit.*, p. 94.

dans la forêt de Lyons et dans les bois situés sur le canton d'Argueil (Seine-Inférieure). On prétend l'avoir vu dans les forêts de Brotonne, de La Londe, de Bord, etc.; mais ces différents cas s'appliquent presque certainement à des individus domestiques redevenus sauvages en liberté et non au véritable Chat sauvage. Aujourd'hui, c'est seulement dans nos grandes forêts que l'on a quelques chances, très-problématiques il est vrai, de le trouver encore.

3ᵉ Famille. *CANIDAE* — CANIDÉS.

1ᵉʳ Genre. *LUPUS* — LOUP.

1. Lupus vulgaris Briss. — Loup vulgaire.

Canis lupus L.; *C. lycaon* Schreb.

Chien loup.
Loup commun; L. ordinaire.

Loup (mâle); Louve (femelle); Louveteau (jeune, jusqu'à
    six mois); Louvart (jeune, de six mois à un an).

Leu.

BERT. — *Op. cit.*, p. 34; tir. à part, p. 10.
DE LA FONTAINE. — *Op. cit.*, p. 57.
FATIO. — *Op. cit.*, p. 286 et 343.
GENTIL. — *Op. cit.*, p. 44; tir. à part, p. 30.
TROUESSART. — *Op. cit.*, p. 232; fig. 96.

Le Loup vulgaire habite les bois et surtout les grandes forêts. Quand la faim le presse, notamment en hiver, il entreprend parfois de grands voyages et s'avance dans les champs, les plaines, les prairies, et jusqu'auprès des habitations humaines. Il établit généralement sa demeure, connue sous le nom de *liteau*, dans un fourré. Pendant la saison froide, les Loups se réunissent souvent en bandes plus ou moins nombreuses; quelquefois, ils vivent solitaires. C'est

un animal particulièrement nocturne, qui, exceptionnellement, recherche sa nourriture avant le crépuscule. Comme
les Chiens sauvages, avec lesquels il a de très-grands rapports, il peut faire une course très-longue et rapide; il
nage bien. Sa nourriture se compose habituellement de
Lièvres, de Lapins, de Chevreuils, de Moutons, de Chèvres,
de charognes; au besoin, de petits Mammifères, de Lézards,
de Grenouilles, etc. Poussé par la faim, il attaque des
Chevaux, des Bœufs, et même l'Homme. La femelle fait
annuellement une portée de trois à neuf, le plus généralement de quatre à six petits. La durée de la gestation
est de treize ou quatorze semaines d'aprèsBrehm[1], et d'environ deux mois, d'après Trouessart[2]. La parturition a lieu
de février à mai, et se fait dans un endroit qui porte, comme
la demeure de l'animal, le nom de *liteau*, sur un lit de
mousse et de feuilles dans un fourré bien épais, entre les
racines d'un arbre, dans le trou creusé par la femelle dans le
flanc d'un ravin, ou dans un terrier abandonné de Renard
ou de Blaireau, qu'elle a préalablement agrandi à son usage.
A l'âge d'environ deux ans, les jeunes ont atteint leur complet développement, et sont aptes à se reproduire dans le
courant de la troisième année.

Normandie : Jadis, le Loup vulgaire était assez commun
dans cette province et y causait parfois des dommages
importants; mais la chasse incessante qu'on lui a fait, et
les battues, maintes fois organisées pour le détruire, l'ont
rendu de plus en plus rare. Quelques individus de cette
espèce se rencontrent accidentellement sur plusieurs points
de la Normandie.

Observat. — Je donne à la fin de ce travail, en Appendice,
un état des Loups détruits en Normandie, depuis l'année de
chasse 1870-71 jusqu'à l'année de chasse 1886-87 inclus, par
les Lieutenants de Louveterie.

1. *Op. cit.*, t. 1, p. 487.
2. *Op. cit.*, p. 234.

2ᵉ Genre. *VULPES* — RENARD.

1. **Vulpes vulgaris** Briss. — Renard vulgaire.

Canis alopex L.; *C. melanogaster* Bonap.; *C. vulpes* L. *Vulpes crucigera* Briss.

Chien renard.
Renard commun; R. ordinaire. — R. argenté; R. à ventre noir; R. charbonnier; R. croisé; R. doré.

Renard (mâle); Renarde (femelle); Renardeau (jeune).

BERT. — *Op. cit.*, p. 35; tir. à part, p. 11.
DE LA FONTAINE. — *Op. cit.*, p. 62.
FATIO. — *Op. cit.*, p. 291 et 343; pl. VIII, fig. 4 et 5.
GENTIL. — *Op. cit.*, p. 45; tir. à part, p. 31.
TROUESSART. — *Op. cit.*, p. 232 et 234; fig. 97.

Le Renard vulgaire habite particulièrement les forêts et les bois, mais il fréquente aussi les champs, et s'approche souvent des endroits habités par l'Homme. Sa demeure consiste en un terrier profond, ramifié, et muni de plusieurs issues. Dans ce terrier, les chasseurs distinguent trois parties : 1° le *maire*, entrée, antichambre, ou poste d'observation de l'animal; 2° la *fosse*, endroit où il dépose des provisions, et qui possède au moins deux issues; 3° l'*accul* ou *donjon*, cavité ronde, sans issue, qui est l'habitation proprement dite et l'endroit où se fait la parturition. Rarement, l'animal creuse lui-même son terrier en entier; le plus souvent, il s'empare de celui d'un Blaireau ou d'un Lapin, et l'agrandit et l'arrange à sa commodité. Il vit en général isolé ou par couple, se réunissant rarement en petit nombre, et jamais en bandes nombreuses comme le font les Loups. Le Renard vulgaire est un animal surtout nocturne; toutefois, il se montre et chasse également pendant le jour. Sa course est rapide, et, pour s'emparer d'une proie, ce rusé Carnivore emploie toute espèce d'allure; il nage assez bien. Sa nourriture se compose de Lièvres, de Lapins, de petits Mammifères, d'œufs et d'Oiseaux, fréquemment d'Oiseaux de basse-cour, de Grenouilles, de Crapauds, d'Insectes, de charognes, de fruits, etc. Il attaque aussi le Hérisson et recherche le miel avec avidité. La femelle fait annuellement une portée de trois à sept, quelquefois de huit à neuf petits. La durée de la gestation est de neuf semaines environ. La parturition a lieu en avril ou mai, et se fait dans le donjon. Dans le courant de l'automne de la seconde année, les jeunes ont acquis la taille des adultes et sont aptes à se reproduire.

Toute la Normandie. — C.

5ᵉ Ordre. *PINNIPEDIA* — PINNIPÈDES.

1ʳᵉ Famille. *PHOCIDAE* — PHOCIDÉS.

1ᵉʳ Genre. *PHOCA* — PHOQUE.

1. Phoca vitulina L. — Phoque veau marin.

Calocephalus vitulinus F. Cuv.

Phoca canina Pall.; *P. littorea* Thienem.; *P. maculata* Bodd.; *P. scopulicola* Thienem.; *P. variegata* Nilss.; *P. vitulina* L. (*nec* Wolf).

Calocéphale veau-marin.

Phoque commun; P. ordinaire; P. vulgaire.

Chien de mer; C. marin; Loup marin; Veau de mer; V. marin.

GERVAIS[1]. — *Hist. natur. des Mammifères*, t. II, p. 304, av. 1 fig.

BREHM. — *Op. cit.*, t. II, p. 795; pl. XXXVIII.

TROUESSART. — *Op. cit.*, p. 239 et 240; fig. 98.

1. Paul Gervais. — *Histoire naturelle des Mammifères*, 2 vol. av. de nombr. pl. en noir et en couleur et de nombr. fig. dans le texte. Paris, L. Curmer, 1854 et 1855.

Le Phoque veau marin habite particulièrement les baies, les golfes et les estuaires, se tenant sur les bancs de sable qui découvrent à chaque marée, et sur les îlots rocheux. Il vit presque toujours en bande et paraît ne jamais beaucoup s'écarter des endroits qu'il a choisis pour domicile. Ses mœurs sont à la fois diurnes et nocturnes. Sa marche sur le sol est rampante et embarrassée; néanmoins, il progresse encore assez vite. Il nage et plonge admirablement. Sa nourriture se compose particulièrement de Poissons et de Crustacés. La femelle fait annuellement une portée d'un, rarement de deux petits. La durée de la gestation est de neuf mois. La parturition a lieu en mai ou juin, et se fait sur les rochers du rivage ou dans quelque caverne.

Cette espèce se montre accidentellement sur les côtes de la Normandie. Voici plusieurs renseignements relatifs à sa présence sur le littoral de cette province.

Des individus, appartenant presque certainement à cette espèce, ont été vus à différentes reprises dans la Seine, à La Mailleraye, il y a déjà un certain nombre d'années. [Renseign. verbal, communiqué par M. E. Bucaille]. [Un, entre autres, fut tué dans cette localité. Il est cité, sans indication de date, par G. Pouchet[1] dans sa *Visite au Muséum d'Hist. natur. de Rouen,* p. 60].

Un individu pris au Havre vers 1837. [Cité par Lennier[2]].

Un individu échoué vivant et tué sur le rivage de la Dune, à Sainte-Marie-du-Mont, arrondissement de Valognes (Manche), dans l'automne de 1855. [Renseign. manuscrit, communiqué par M. P. Joseph-Lafosse].

Un individu, appartenant probablement à cette espèce, pris vivant sur l'un des bancs de sable de l'embouchure de l'Orne, en 1860 ou 1861. [Cité par Eudes-Deslongchamps[3]].

1. Georges Pouchet. — *Visite au Muséum d'Histoire naturelle de Rouen.* Rouen, A. Aillaud, 1858.

2. G. Lennier. — *L'Estuaire de la Seine,* t. II, p. 150. (Voir Bibliogr.).

3. Bull. de la Soc. linn. de Normandie, t. VI, ann. 1860-1861, p. 182, Caen et Paris, 1862.

Un individu, appartenant presque certainement à cette espèce, capturé vivant dans les roches de Puys, près de Dieppe, dans l'été de 1868. [Renseign. manuscrit, communiqué par M. Alfred Poussier].

Un jeune mâle, pris vivant sur un rocher, près de la pointe de Réville, entre Barfleur et Saint-Vaast-la-Hougue (Manche), il y a plusieurs années. [Renseign. manuscrit, communiqué par M. Henri Jouan].

Un individu, appartenant presque certainement à cette espèce, vu à l'entrée du canal de Tancarville, près Le Havre, vers le milieu de juillet 1885. [Cité dans le *Journal de Rouen*, n° des 15 et 16 juillet 1885, p. 3, col. 1].

6° Ordre. PORCINA — PORCINS.

1re Famille. SUIDAE — SUIDÉS.

1er Genre. SUS — SANGLIER.

1. Sus scrofa L. — Sanglier commun.

Sus europaeus Pall.

Cochon sanglier.
Sanglier d'Europe; S. ordinaire; S. vulgaire.

Sanglier (mâle); Laie (femelle); Marcassin (jeune, jusqu'à six mois); Bête rousse (jeune, de six mois à un an); Bête de compagnie ou Bête noire (jeune, de un à deux ans); Ragot (de deux à trois ans); Sanglier à son tiers-an (de trois à quatre ans); Quartenier (de quatre à cinq ans); Solitaire, Vieil Ermite, Vieux Sanglier, (à partir de cinq ans). [Pour beaucoup de veneurs, Quartenier et Solitaire sont synonymes et désignent un animal de quatre ans et au-dessus].

BERT. — *Op. cit.*, p. 40; tir. à part, p. 16; pl. I, fig. 2.
DE LA FONTAINE. — *Op. cit.*, p. 102.

Fatio. — *Op. cit.*, p. 354 et 397; pl. VIII, fig. 11.

Gentil. — *Op. cit.*, p. 56; tir. à part, p. 42.

Trouessart. — *Op. cit.*, p. 256; fig. 104.

Le Sanglier commun habite les forêts et les bois, de préférence ceux qui ont des mares et sont à proximité des champs. Sa demeure, appelée *bauge*, consiste en un endroit, généralement situé dans un lieu boisé humide, où la bande, en se vautrant et se couchant, a tassé la terre et les végétaux qui s'y trouvaient. Jeune, il vit en compagnie, et ce n'est qu'à l'âge d'environ trois ans qu'il mène une existence solitaire, excepté à l'époque du rut. Le Sanglier est un animal plutôt nocturne que diurne. Au milieu du jour, il reste habituellement couché dans sa bauge. Sa course est rapide et il peut faire de longues étapes; il nage bien. Très-souvent, et particulièrement en automne et en hiver, il accomplit de petites migrations de canton en canton. Il est omnivore. Sa nourriture principale se compose de glands, de faines, de châtaignes, d'herbes, de pommes de terre, de raves, de racines, de truffes, de céréales, d'œufs et de jeunes Oiseaux, de petits Mammifères, d'Insectes, de Vers, voire même de charognes, etc. La femelle fait annuellement une portée de trois à quinze, généralement de cinq à neuf petits. La durée de la gestation est de dix-huit à vingt semaines. La parturition a lieu en février, mars ou avril, et se fait sur une couche de feuilles et de mousse, dissimulée dans un fourré. A l'âge de dix-huit ou dix-neuf mois, les jeunes sont aptes à se reproduire, mais ils n'atteignent leur complet développement qu'à l'âge d'environ cinq ou six ans.

Toute la Normandie. — A. C. — Par suite de sa vie errante, cet animal se montre temporairement dans un grand nombre de localités.

Observat. — Je donne à la fin de ce travail, en Appendice, un état des Sangliers détruits en Normandie, depuis l'année de chasse 1870-71 jusqu'à l'année de chasse 1886-87 inclus, par les Lieutenants de Louveterie.

7ᵉ Ordre. *RUMINANTIA* — RUMINANTS.

1ʳᵉ Famille. *CERVIDAE* — CERVIDÉS.

1ᵉʳ Genre. *CERVUS* — CERF[1].

1. Cervus elaphus L. — Cerf commun.

Cervus germanicus Briss.; *C. nobilis* Klein; *C. vulgaris* L.

C. élaphe; C. d'Europe; C. ordinaire; C. vulgaire.

Cerf (mâle); Biche (femelle); Faon (jeune, jusqu'à six mois);
    Hère (jeune, de six mois à un an); Daguet (jeune, de un
    an jusqu'au printemps de la troisième année, à l'époque
    où les dagues tombent); Jeune Cerf (de l'époque où il
    refait sa tête jusqu'à six ans); Dix-cors jeunement (à six
    ans); Dix-cors bellement (à sept ans); Dix-cors, Grand
    Cerf, Vieux Cerf, (après sept ans).

Bert. — *Op. cit.*, p. 41; tir. à part, p. 17.
De la Fontaine. — *Op. cit.*, p. 111.
Fatio. — *Op. cit.*, p. 389 et 397.
Gentil. — *Op. cit.*, p. 53; tir. à part, p. 39.
Trouessart. — *Op. cit.*, p. 262; fig. 107; fig. 108 et 109
    (Bois aux différ. âges).

Le Cerf commun habite les forêts et les bois. Il vit ordinairement en petite troupe, appelée *harde*, composée d'un
dix-cors et d'un certain nombre de biches avec leurs petits; les

---

1. Le Cerf daim (*Cervus dama* L.), très-probablement originaire du bassin méditerranéen, vit à l'état sauvage dans quelques forêts de la Normandie où il a été *importé*.
   Bouchard indique cette espèce dans sa Faune du canton de Gisors (Eure) (p. 18). Le même auteur m'a dit que le Daim commun existait actuellement dans les forêts de Lyons et de Gisors. Mon savant et très-obligeant Collègue, M. Th. Lancelevée, m'a informé que M. Edouard Blay avait tué dans la forêt du Rouvray, près d'Orival (Seine-Inférieure), en 1863, un exemplaire femelle qui faisait partie d'un lot de six individus introduits dans la forêt de La Londe, contiguë à celle du Rouvray. Un autre individu a été tué dans les bois des environs du Bec-Hellouin (Eure), vers 1865.

daguets et les jeunes cerfs faisant bande à part. C'est un animal plutôt nocturne que diurne. Sa course est très-rapide; il fait, avec la plus grande agilité, des bonds prodigieux, et nage très-bien. Sa nourriture se compose de feuilles, de jeunes pousses, d'écorces, d'herbes, de mousses, de fruits, de céréales encore vertes, etc. La femelle fait annuellement une portée d'un, rarement de deux petits. La durée de la gestation est de quarante à quarante-et-une semaines, d'après Brehm[1], et de huit mois, d'après Trouessart[2]. La parturition a lieu en mai ou juin, et se fait dans un endroit bien tranquille et fourré. Les jeunes sont très-probablement aptes à se reproduire à l'âge d'environ quatorze mois, mais je n'ai pu trouver aucun renseignement précis à ce sujet dans les ouvrages que j'ai consultés.

Toute la Normandie. — P.C. en général. A.C. dans quelques forêts et bois.

2. Cervus capreolus L. — Cerf chevreuil.

Cervus pygargus Pall.

Chevreuil commun; C. ordinaire; C. vulgaire.

Broquart (mâle, à tous les âges); Daguet (jeune mâle); Chevrette (femelle); Faon (jeune, jusqu'à l'apparition des cornes).

Biquot; Buquet.

BERT. — *Op. cit.*, p. 41 ; tir. à part, p. 17.
DE LA FONTAINE. — *Op. cit.*, p. 115.
FATIO. — *Op. cit.*, p. 393 et 397.
GENTIL. — *Op. cit.*, p. 53 et 54; tir. à part, p. 39 et 40.
TROUESSART. — *Op. cit.*, p. 262 et 270; fig. 112; fig. 113 (Bois aux différ. âges).

1. *Op. cit.*, t. II, p. 497.
2. *Op. cit.*, p. 267.

Le Cerf chevreuil ou Chevreuil commun habite les forêts et les bois. Il vit ordinairement en petite troupe, appelée *harde*, moins nombreuse que celle du Cerf commun, et composée habituellement d'un broquart, accompagné d'une, rarement de deux ou trois chevrettes, avec leurs petits. C'est seulement dans les endroits où les broquarts ne sont pas assez nombreux, que l'on voit des troupes de douze à quinze individus. Le Chevreuil est plutôt nocturne que diurne. Sa course est très-rapide; il bondit plus gracieusement encore que le Cerf, et nage très-bien. Sa nourriture se compose de feuilles, de jeunes pousses, d'écorces, d'herbes, de bruyère, de genêts, de céréales encore vertes, etc. La femelle fait annuellement une portée d'un ou de deux, rarement de trois petits. La durée de la gestation est de quarante semaines[1]. La parturition a lieu en avril ou mai, et se fait dans un endroit bien tranquille et fourré. Les jeunes sont aptes à se reproduire à l'âge d'environ quatorze mois.

Toute la Normandie. — P. C. en général. C. dans quelques forêts et bois.

8° Ordre. *CETACEA* — CÉTACÉS.

1re Famille. *DELPHINIDAE* — DELPHINIDÉS.

1er Genre. *PHOCAENA* — MARSOUIN.

1. **Phocaena communis** F. Cuv. — Marsouin commun.

Delphinus phocaena L.

---

1. Des travaux sérieux ont démontré qu'en dépit de la différence de taille entre le Cerf commun et le Cerf chevreuil, la durée de la gestation était sensiblement la même chez ces deux espèces. Cette similitude presque complète, étonnante au premier abord, trouve une explication des plus rationnelles par ce fait, connu depuis les travaux de l'illustre embryologiste allemand T.-L.-W. Bischoff, que l'évolution de l'embryon, à partir de son début, s'opère pendant assez longtemps, chez le Cerf chevreuil, avec une très-grande lenteur.

Phocaena tuberculifera Gray.

Marsouin ordinaire.; M. vulgaire.

Ouette ; Souffleur ; Taupe ; Taupe de mer.

Van Beneden et Gervais. [1] — *Ostéograph. des Cétacés*
vivants et fossiles, p. 570 ; pl. XLIII, fig. 5-7 ; pl. LV,
fig. 1-3, 3a-6, 6a, 7, 7a-14, 14a, 14b-16, 16a, 16b, 17,
17a, 17b, 18, 18a, 18b et 19, et pl. LVI, fig. 5-9, 9a-12.
Fischer. [2] — *Cétacés du Sud-Ouest de la France*, p. 163 ;
pl. VI, fig. 2, et pl. VII, fig. 1 et 2.
Trouessart. — *Op. cit.*, p. 288 ; fig. 118.

Le Marsouin commun habite de préférence le voisinage des
côtes, fréquente les estuaires, et parfois remonte les fleuves
jusqu'à des points très-éloignés de l'embouchure. Généralement, il vit en petite troupe, et s'approche volontiers
des bateaux et des barques. Sa nourriture se compose particulièrement de Poissons et de Mollusques. La femelle fait
annuellement une portée de un ou deux petits. La durée
de la gestation est de neuf ou dix mois. La parturition doit
avoir lieu à des époques très-différentes.

Côtes de la Normandie. — C. — Se rencontre pour ainsi dire
constamment dans l'estuaire de la Seine et près des embou-
chures des grandes rivières.

Cette espèce qui, jadis, était très-commune en Normandie, remonte accidentellement la Seine jusqu'à Rouen.
et même bien au-delà, puisqu'un individu a été pris dans
la Seine, au pont de Neuilly, près de Paris. Dans la seconde

---

1. Van Beneden et Paul Gervais. — *Ostéographie des Cétacés vivants et*
fossiles. Paris, A. Bertrand, 1 vol. de texte, 1880, et 1 atlas de 64 pl., 1868-
1879.

2. Paul Fischer. — *Cétacés du Sud-Ouest de la France*, in Actes de la
Soc. linn. de Bordeaux, t. XXXV, 4e sér., t. V, 1881, p. 5, pl. I-VIII, et plusieurs fig. dans le texte. — Tir. à part, Paris, F. Savy, 1881, (même paginat.
que celle des Actes).

quinzaine d'octobre 1887, des Marsouins furent observés pendant plusieurs jours dans le port de Rouen. Des individus de cette espèce ont été vus dans la Seine, à Elbeuf, à la mi-février 1888.

Jadis, le Marsouin était commun dans la Basse-Seine, et sa pêche, comme en témoignent plusieurs documents des plus instructifs à cet égard, était pratiquée d'une façon active sur les côtes de la Normandie. Voici, à ce sujet, quelques détails intéressants empruntés à Noël de la Morinière[1] :

« D'abord nous trouvons, dans les *Annales Bénédictines*, une chronique de l'abbaye de Jumiéges, où l'auteur, parlant des agrémens de tout genre que la nature du sol et le voisinage de la Seine procuroient aux religieux, observe qu'on pêchoit, près de ce monastère, des Poissons de cinq pieds de longueur, dont la chair servoit à la nourriture de ces cénobites, et l'huile à l'entretien des lampes qui brûloient devant l'autel : or, c'est du Marsouin que l'auteur de la chronique entend parler ; dans les eaux de la Seine, aucun autre animal n'eût procuré ce double avantage.

. . . .

« ..... Vers 1098, l'abbaye de Caen fit une convention avec celle de Fécamp, pour régler leurs prétentions respectives sur la pêche du Marsouin qu'on prenoit à Dive, et dont Guillaume avoit fait l'entière concession à la première de ces maisons religieuses, dès 1066. La pêche en étoit si considérable, que les pêcheurs étoient formés en compagnie, *societas walmannorum* ».

Observat. — Chesnon[2], dans son *Essai sur l'Histoire naturelle de la Normandie*, écrit (p. 132), à propos du Dauphin souffleur (*Delphinus tursio* O. Fabr.) : « On voit souvent ces animaux s'ébattre dans la mer, avancer en troupes à la surface de l'onde; ils approchent assez près du

---

1. S.-B.-J. Noël. — *Histoire générale des Pêches anciennes et modernes, dans les mers et les fleuves des deux continens*. Paris, imprim. royale, t. I, 1815, p. 234-235 et p. 237-238.

2. Voir Bibliogr.

rivage et remontent même la Seine jusqu'à Rouen ». Cette phrase, selon moi, doit se rapporter au Marsouin commun et non au Dauphin souffleur qui, du moins à ma connaissance, n'a jamais remonté la Seine en amont de son estuaire.

2ᵉ Genre. ORCA — ORQUE.

1. Orca Duhameli Lacép. — Orque épaulard.

Delphinus Duhameli Lacép.
Orca minor Malm ; O. Schlegeli Lilljeb.

D'après les caractères distinctifs indiqués dans les ouvrages de systématique, relativement aux Orca Duhameli Lacép. et O. gladiator Lacép., et d'après le fait bien connu de la variabilité de certaines espèces de Delphinidés, notamment du Dauphin commun, il est très-probable que l'Orca Duhameli Lacép. n'est qu'une variété, et non une espèce distincte, de l'Orca gladiator Lacép.

Van Beneden et Gervais. — Op. cit., p. 538; pl. XLVI, fig. 1-7, 7-9, 9ᵃ-19, pl. XLVII, fig. 1, 1ᵃ, 1ᵇ, 2, 3, 3ᵃ, 3ᵇ, 4, 4ᵃ et 5, pl. XLVIII, fig. 2 et 3, pl. XLIX, fig. 1, 1ᵃ, 2, 3, 3ᵃ, 4, 4ᵃ, 4ᵇ et 4ᶜ, et pl. LIII, fig. 1. [Orca gladiator (partim?)].
Fischer. — Op. cit., p. 176.
Trouessart. — Op. cit., p. 291; fig. 119.

L'Orque épaulard habite au large des côtes. Il vit en général par petites troupes. C'est un animal essentiellement carnivore et d'un naturel féroce. Sa nourriture se compose principalement de Poissons, de Phoques, de Dauphins, de Marsouins, etc. Il attaque aussi, paraît-il, les Baleinidés. Sa reproduction est inconnue.

Voici les documents que j'ai pu recueillir, relativement à la présence de l'Orque épaulard sur les côtes de la Normandie :

14

Un jeune individu trouvé sur la côte du Calvados. [Cité par Eudes-Deslongchamps dans sa *Note sur l'échouement de Delphinus melas*, etc., p. 124. (Voir Bibliogr.)]. Il est très-probable que la tête osseuse d'un individu échoué à Port-en-Bessin (Calvados), tête qui est conservée au Muséum de la Faculté des Sciences de Caen, appartient à l'individu recueilli par Eudes-Deslongchamps. Je ne saurais dire si cet individu était un *Orca gladiator* Lacép. ou un *Orca Duhameli* Lacép., qui n'est très-probablement, comme je l'ai dit plus haut, qu'une variété de l'*Orca gladiator* Lacép.

Un individu non adulte trouvé mort par des pêcheurs du Tréport (Seine-Inférieure), à environ deux lieues au large, le 27 novembre 1883. [J'ai publié un court mémoire sur cet animal, dont je n'ai pu malheureusement étudier que la tête et des dents. (Voir Bibliogr.).] Je ne sais si cet individu était un *Orca gladiator* Lacép. ou un **Orca Duhameli** Lacép.

3ᵉ Genre. *GLOBICÉPHALUS* — GLOBICÉPHALE.

1. **Globicephalus melas** Traill — Globicéphale conducteur.

Catodon svineval Lacép.
Delphinus deductor Scoresby; *D. globiceps* G. Cuv.
Globiocephalus svineval Gray.

Dauphin à tête ronde; D. noir.
Globicéphale noir; G. grinde.

Chaudon; Chaudron; Grinde.

Van Beneden et Gervais. — *Op. cit.*, p. 558; pl. LI, fig. 1, 2, 2ᵃ, 3, 3ᵃ-16 et 16ᵃ, pl. LII, fig. 1, 1ᵃ, 2, 2ᵃ, 2ᵇ-4, 4ᵃ et 4ᵇ, pl. LIII, fig. 4, 5, 5ᵃ, 6, 6ᵃ, 7, 7ᵃ, 7ᵇ, 8, 8ᵃ, 8ᵇ-11, et pl. LXIII, fig. 1 et 1ᵃ.

FISCHER. — *Op cit.*, p. 185.

TROUESSART. — *Op. cit.*, p. 293; fig. 120.

Le Globicéphale conducteur habite au large des côtes. Il vit en troupes plus ou moins nombreuses, composées parfois de plusieurs centaines d'individus et conduites par quelques vieux mâles expérimentés. C'est un animal paisible et craintif. Sa nourriture se compose particulièrement de Poissons et de Mollusques (notamment de Céphalopodes). Chaque portée est d'un, et peut-être parfois de deux petits. La parturition paraît avoir lieu à des époques différentes. Les autres détails de sa reproduction sont inconnus.

Voici les renseignements que jai pu recueillir, relativement à la présence de cette espèce sur les côtes de la Normandie :

Un individu échoué sur la grève entre le Mont-Saint-Michel et le rocher de Tombelaine (Manche), le 7 août 1636. [Voir de Beaurepaire[1]].

Un individu pris dans la rivière du Couesnon (Ille-et-Vilaine et Manche), le 24 juin 1646. [Voir de Beaurepaire[2]].

---

1 et 2. *Thomas Le Roy et le manuscrit des curieuses recherches du Mont-Sainct-Michel*, par Eugène de Robillard de Beaurepaire, in Mém. de la Soc. des Antiquaires de Normandie, t. XXIX, Caen, Paris et Rouen, 1877. — Tir. à part, Caen, Le Gost-Clérisse, 2 vol., 1878.

Voici les deux passages en question, p. 662 et 755. — Tir. à part, t. II, p. 223 et 352.

« *Prise d'un grand Poisson nommé Chaudon ou petite Balene, le 7 aoust, l'an* 1636 ».

« L'an 1636, le 7 aoust, il fit en ces quartiers une tempeste et un orage espouvantables,......... durant lequel orage s'eschoua un grand et monstrueux Poisson appellé des uns *Chaudon* et des autres un *Balineau* ou petite *Balene*, qui fut trouvé sur les grèves entre cy et le rocher de Tombelaine après la bonnace, duquel Poisson les moynes en prirent par préférence, comme leur appartenant,....... ».

« *Prise d'un Chaudron long d'onse pieds, en Coüesnon, l'an* 1646 ».

« L'an 1646, le 24ᵉ jour de juin, a esté pris en la rivière de Coüesnon, un Poisson long de dix pieds ou onse pieds, appellé Chaudron. C'est une espèce de Marsouin. Il diffère en ce que le Marsouin a le bec ou museau pointu, et le Chaudron l'a rond et est tout noir, et le Marsouin est d'une couleur ardoisine ».

Un certain nombre d'individus poussés par les vents, les courants marins ou les navires, sur la côte du département de la Seine-Inférieure et dans l'estuaire de la Seine, dans la première quinzaine d'avril 1856. Huit de ces individus ont été capturés au Havre et dans les environs, et six autres dans l'estuaire de la Seine, à Berville-sur-Mer (Eure) ou aux environs de cette localité. [Voir, à ce sujet, les renseignements publiés dans des journaux, entre autres le *Nouvelliste de Rouen*, n[os] du 11 avril 1856, p, 2, col. 2, du 12 avril 1856, p. 2, col. 4 (2 notes), et du 13 avril 1856, p. 2, col. 2; et le *Journal de Rouen*, n[os] du 11 avril 1856, p. 1, col. 3, du 12 avril 1856, p. 2, col. 1, et du 13 avril 1856, p. 1, col. 4 (2 notes)]. [Observat. — Lennier, dans son ouvrage sur *L'Estuaire de la Seine*, t. II, p. 150 (Voir Bibliogr.), écrit que « deux exemplaires de cette espèce ont été pêchés en rade du Havre, en 1854; l'un figure au Muséum du Havre, l'autre au Muséum de Paris ». Cette date de 1854 doit être inexacte, et c'est presque certainement 1856 qu'il faut lire, car, d'après les journaux ci-dessus indiqués, les Muséums d'Histoire naturelle de Paris et du Havre avaient acquis, en avril 1856, le premier deux individus de cette espèce, dont un mâle et un autre individu, dont j'ignore le sexe, et le second Muséum une femelle. On conserve au Muséum de Paris le squelette d'un mâle non adulte, et un dessin de cette espèce a été fait pour la collection des vélins de ce même Muséum. L'individu femelle, acheté par la ville du Havre en avril 1856 pour son Muséum, est presque certainement celui qui figure aujourd'hui en squelette et en peau montés, dans ce Muséum, avec l'indication de 1854].

Deux individus, très-probablement encore jeunes, échoués sur le rivage, près Ouistreham (Calvados), en 1856. [Etudiés par Eudes-Deslongchamps qui en parle dans sa *Note sur l'échouement de Delphinus melas*, etc., p. 121. (Voir Bibliogr.)].

Un individu échoué à Villers-sur-Mer (Calvados), en 1856.

[Cité par Bourienne fils, in Eudes-Deslongchamps. — *Note sur l'échouement de Delphinus melas*, etc., p. 122. (Voir Bibliogr.)].

Un individu échoué entre Lion-sur-Mer et Hermanville (Calvados), probablement aussi en 1856. [Cité par un Membre de la Soc. linn. de Normandie, in Eudes-Deslongchamps. — *Note sur l'échouement de Delphinus melas*, etc., p. 122. (Voir Bibliogr.)].

4ᵉ Genre. *GRAMPUS* — GRAMPUS.

1. Grampus griseus G. Cuv. — Grampus gris.

Delphinus aries Risso; *D. Rissoanus* Desm.
Grampus Cuvieri Gray.

Dauphin de Cuvier; D. de Risso.

VAN BENEDEN et GERVAIS. — *Op. cit.*, p. 563; pl. LIV, fig. 7, 7ᵃ, 7ᵇ, 8, 8ᵃ-11, et pl. LXIV, fig. 4, 4ᵃ et 4ᵇ.
FISCHER. — *Op. cit.*, p. 195; pl. VIII, fig. 2.
TROUESSART. — *Op. cit.*, p. 295; fig. 121.

Le Grampus gris habite le large et se rapproche accidentellement des côtes. Il vit ordinairement en troupes nombreuses. Sa nourriture se compose surtout de Céphalopodes. Sa reproduction est inconnue.

Je dois à l'obligeance de M. Henri Jouan la seule indication que je connaisse, relativement à la présence de ce Cétacé sur les côtes de la Normandie. Voici ce qu'il m'a écrit, à cet égard, en 1887 : J'ai eu l'occasion de voir au Mont-Saint-Michel, en 1880, le squelette très-bien monté d'un *Grampus* (*Delphinus*) *griseus* G. Cuv., qu'une vieille femme montrait aux touristes comme étant une Baleine. Ce Dauphin avait été tué par feu son mari sur la grève du Mont-Saint-Michel, où était venue une troupe de sept ou huit de ces Cétacés.

Ce squelette, qui probablement aurait été perdu à la mort de la vieille femme, a été acquis, sur la recommandation de M. Jouan, par le Muséum d'Histoire naturelle de Paris, en 1881.

5ᵉ Genre. *DELPHINUS* — DAUPHIN.

1. **Delphinus tursio** O. Fabr. — Dauphin souffleur.

Delphinus nesarnack Lacép.; *D. truncatus* Mont.

Dauphin grand souffleur.
Souffleur commun; S. nésarnack; S. ordinaire; S. vulgaire.

Grand Dauphin; Souffleur.

VAN BENEDEN et GERVAIS. — *Op. cit.*, p. 586; pl. XXXIV, fig. 3, 4, 4ᵃ, 4ᵇ-8, 8ᵃ et 9, et pl. XXXV, fig. 1-9, 9ᵃ-14.
FISCHER. — *Op. cit.*, p. 153; fig. 7 (double) de la p. 161; pl. VIII, fig. 1.
TROUESSART. — *Op. cit.*, p. 297 et 298; fig. 122.

Le Dauphin souffleur habite généralement au large, mais vient de temps à autre près des côtes. Il vit habituellement en petites troupes et s'approche souvent des bateaux et des barques. Sa nourriture se compose particulièrement de Poissons et de Mollusques. Chaque portée est d'un ou de deux petits. La durée de la gestation est inconnue. On a constaté que la parturition avait lieu en hiver, mais il se peut qu'elle s'opère aussi à d'autres époques.

Côtes de la Normandie. — R.

Observat. — Chesnon[1], dans son *Essai sur l'Histoire naturelle de la Normandie*, écrit (p. 132), à propos de cette espèce : « On voit souvent ces animaux s'ébattre dans

---

1. Voir Bibliogr.

la mer, avancer en troupes à la surface de l'onde ; ils approchent assez près du rivage et remontent même la Seine jusqu'à Rouen ». Cette phrase, selon moi, doit se rapporter au Marsouin commun et non au Dauphin souffleur qui, du moins à ma connaissance, n'a jamais remonté la Seine en amont de son estuaire.

2. **Delphinus marginatus** Duvern. — Dauphin à bandes.

Dauphin bordé.

VAN BENEDEN et GERVAIS. — *Op. cit.*, p. 605 ; pl. XXXVIII, fig. 1, 1ᵃ, 1ᵇ et 1ᶜ.

FISCHER. — *Op. cit.*, p. 150.

TROUESSART. — *Op. cit.*, p. 297 et 299.

La biologie du Dauphin à bandes est inconnue.

Jusqu'à ce jour, on n'a signalé qu'une seule fois la présence de cette espèce sur les côtes de la Normandie, près de Dieppe, en 1854. Deux individus provenant de cet échouement ont été envoyés au Muséum d'Histoire naturelle de Paris par le Dᵣ Guiton. [Voir Pucheran (Bibliogr.)]. Le squelette de l'un d'eux, d'un mâle, est conservé au Muséum d'Histoire naturelle de Paris, et un dessin exécuté d'après nature fait partie de la collection des vélins de ce Muséum].

Observat. — Je suis très-porté à croire, d'après des renseignements publiés dans plusieurs journaux, que les deux individus en question faisaient partie d'une troupe assez nombreuse de ces animaux, échoués près de Dieppe en 1854. Toutefois, par suite de la mort déjà éloignée du Dᵣ Guiton, qui aurait pu se prononcer d'une façon certaine, le doute subsiste encore à cet égard.

D'après les renseignements en question, que je copie

presque textuellement, la mer, dans la soirée du 12 mai 1854, en se retirant, mit à découvert, dans les excavations formées par les roches du cap d'Ailly, près de Dieppe, une troupe d'animaux presque inconnus sur nos rivages. C'étaient de petits Cétacés, espèce de Marsouins, que plusieurs personnes ont cru reconnaître pour des Souffleurs. Trente-et-un de ces animaux furent tués par les douaniers du poste de Sainte-Marguerite et par des ouvriers qui se trouvaient sur le rivage. Des voitures les apportèrent le lendemain matin à la poissonnerie de Dieppe, où ils excitèrent une légitime curiosité. [Voir à ce sujet, entre autres journaux : le *Nouvelliste de Rouen*, n° du 14 mai 1854, p. 2, col. 3, et le *Journal de Rouen*, n° du 14 mai 1854, p. 2, col. 1]. Très-probablement, comme je l'ai dit plus haut, ce sont deux de ces animaux que le Dr Guiton avait envoyés au Muséum d'Histoire naturelle de Paris.

3. **Delphinus delphis** L. — Dauphin commun.

Dauphin des anciens ; D. ordinaire ; D. vulgaire.

Oie de mer ; Souffleur.

Van Beneden et Gervais. — *Op. cit.*, p. 601 ; pl. XXXIX, fig. 1-4, 4ᵃ, 4ᵇ, 4ᶜ-7, et pl. XL, fig. 1-9, 9ᵃ-24.

Fischer. — *Op. cit.*, p. 121 ; fig. 6 (double) de la p. 132 ; pl. IV, fig. 1 (var. *fusus* Lafont) et fig. 2 (var. *Souverbianus* Lafont), pl. V, fig. 1 et 2 (var. *moschatus* Lafont), et pl. VI, fig 1 (var. *variegatus* Lafont).

Trouessart. — *Op. cit.*, p. 297 et 302 ; fig. 124 (var. *moschatus* Lafont) et fig. 125 (var. *mediterraneus* Loche).

Le Dauphin commun habite au large et près des côtes. Il fréquente aussi les estuaires et remonte accidentellement les fleuves, mais non pas à des distances aussi grandes que le fait le Marsouin commun. Il vit habituellement en petites troupes; il s'approche volontiers des bateaux et des barques et les accompagne souvent pendant des journées entières. Sa nourriture se compose principalement de Poissons, de Mollusques (notamment de Céphalopodes) et de Crustacés. La femelle fait annuellement une portée d'un, rarement de deux petits. La durée de la gestation est de dix mois. La parturition a lieu en été et peut-être aussi à d'autres époques.

Côtes de la Normandie. — P. C.

2° Famille. *ZIPHIDAE* — ZIPHIDÉS.

1er. Genre. *HYPEROODON* — HYPEROODON.

1. Hyperoodon rostratus Chemn. — Hyperoodon butzkopf.

Anarnac gröenlandicus Lacép.
Balaena rostrata Chemn. (*nec* O.-F. Müll., *nec* O. Fabr.).
Delphinus anarnacus Desm.; *D. bidens* Schreb.; *D. bidentalus* Desm.; *D. butzkopf* Bonnaterre; *D. Chemnitzianus* Desm.; *D. diodon* Lacép.; *D. Hunteri* Desm.; *D. quadridens* Burguet.
Heterodon hyperoodon Less.
Hyperoodon Raussardi Duvern.; *H. borealis* Nilss.
Lagenocetus latifrons Gray.
Monodon spurius O. Fabr.

Dauphin à deux dents; D. de Baussard; D. de Hunter. Hyperoodon à bec; H. rostré.

Van Beneden et Gervais. — *Op. cit.*, p. 356; fig. de petites dents, p. 374; pl. XVIII, fig. 11-16, pl. XIX, fig. 1, 2, 2[a] et 3, pl. XLIII, fig. 1-4, et pl. LXIII, fig. 4, 4[a], 4[b] et 4[c].

FISCHER. — *Op. cit.*, p. 100.

TROUESSART. — *Op. cit.*, p. 310; fig. 127.

L'Hyperoodon butzkopf habite au large, se rapprochant rarement des côtes. Il vit en petites troupes. Sa nourriture se compose essentiellement de Céphalopodes. Sa reproduction est inconnue.

Observat. — Cette espèce, venant des régions boréales, descend accidentellement sur les côtes normandes en été, et, particulièrement, en automne.

Voici les documents que j'ai pu recueillir, relativement aux échouements et aux captures de l'Hyperoodon butzkopf sur les côtes de la Normandie :

Un individu dessiné à Dieppe en 1752. (Cité par Fischer.— *Op. cit.*, p. 102). [Ce dessin, d'ailleurs très-mauvais, fait partie de la collection des vélins du Muséum d'Histoire naturelle de Paris].

Un individu échoué près du Havre en 1765. [Vu et dessiné par l'abbé Dicquemare, du Havre, et cité par Baussard dans son *Mém. sur deux Cétacées échoués vers Honfleur*, etc., p. 201. (Voir Bibliogr.)].

Deux individus, une femelle adulte et son petit, également du sexe femelle, échoués à l'Ouest et tout près d'Honfleur, sur les bancs et au pied de la falaise de la côte de Grâce, le 19 septembre 1788. [Ces deux animaux ont été étudiés, décrits et figurés par un homme malheureusement incompétent en matière de zoologie, Baussard, dans son *Mém. sur deux Cétacées échoués vers Honfleur*, etc. (Voir Bibliogr.)].

Une femelle échouée à Bernières-sur-Mer (Calvados), en 1804 ou 1805. [Citée par Eudes-Deslongchamps dans ses *Remarq. zoolog. et anat. sur l'Hyperoodon*, p. 18, et par Fischer. — *Op. cit.*, p. 102. (Voir Bibliogr.)].

Un mâle adulte échoué sur la plage de Langrune-sur-

Mer (Calvados), le 13 novembre 1840. [Cet animal a été admirablement étudié, décrit et figuré par Eudes-Deslongchamps dans ses *Remarq. zoolog. et anat. sur l'Hyperoodon* (Voir Bibliogr.)]. [Le squelette de ce Cétacé est conservé au Muséum de la Faculté des Sciences de Caen].

Un mâle échoué sur la côte du Calvados, entre Sallenelles et Cabourg, à l'embouchure de l'Orne, le 22 septembre 1842. [Cité par Fischer. — *Op. cit.*, p. 102, et par Marcotte. — *Op. cit.*, p. 252]. [Le squelette complet de ce Cétacé est conservé au Muséum d'Histoire naturelle de Paris].

Un individu échoué sur la côte de Langrune-sur-Mer (Calvados), en novembre 1851. [Cité par Eudes-Deslongchamps dans sa note : *Sur un Hyperoodon échoué dans l'automne de 1852, sur la côte d'Isigny*, p. IX. (Voir Bibliogr.)].

Un individu échoué sur la côte du Calvados, à Isigny, dans l'automne de 1852. [Cité par Eudes-Deslongchamps dans sa note : *Sur un Hyperoodon échoué dans l'automne de 1852, sur la côte d'Isigny*, p. IX. (Voir Bibliogr.)].

Un individu échoué à Cabourg (Calvados), en septembre 1853. [Cité par Eudes-Deslongchamps dans sa note : *Sur un Hyperoodon échoué dans l'automne de 1852, sur la côte d'Isigny*, p. IX. (Voir Bibliogr.)].

Une femelle échouée au Grand Vey, commune de Sainte-Marie-du-Mont (Manche), le 6 novembre 1858. [Consulter, au sujet de ce Cétacé : Joseph-Lafosse. — *Lettre relat. à l'échouement d'un Cétacé femelle du genre Dauphin*, etc. (Voir Bibliogr.)]. [La date exacte m'a été indiquée par le même auteur.

Deux femelles, dont l'une renfermait un fœtus, capturées à Saint-Vaast-la-Hougue (Manche), le 19 août 1886. [Les squelettes de ces deux femelles sont conservés au Muséum d'Histoire naturelle de Paris].

2ᵉ Genre. *MESOPLODON* — MÉSOPLODON.

1. **Mesoplodon Sowerbyensis** Blainv. — Mésoplodon de Sowerby.

Delphinus Dalei Wagl.; *D. micropterus* F. Cuv.; *D. Sowerbyi* Desm.
Physeter bidens Sowerby.

Dauphin de Dale; D. de Sowerby; D. microptère.

Van Beneden et Gervais. — *Op. cit.*, p. 392; pl. XXII, fig. 1-5, et pl. XXVI, fig. 1, 1ᵃ, 1ᵇ, 2, 2ᵃ, 3, 3ᵃ, 4, 4ᵃ, 5, 6, 7, 7ᵃ et 8.
Trouessart. — *Op. cit.*, p. 310 et 314; fig. 129.

La biologie du Mésoplodon de Sowerby est inconnue.

Voici les documents que j'ai pu recueillir, relativement aux échouements de cette espèce sur les côtes de la Normandie :

Une femelle échouée dans l'estuaire de la Seine, sur la plage de Sainte-Adresse, à 1/2 kil. au Nord-Ouest du Havre, le 9 septembre 1825. [Décrite par de Blainville, sous le nom de Dauphin de Dale (Voir Bibliogr.); décrite de nouveau et figurée en couleur par E. Geoffroy-Saint-Hilaire et F. Cuvier[1]]. [Le crâne et la peau préparée de cette femelle sont conservés au Muséum d'Histoire naturelle de Paris].

Un mâle (?) adulte échoué tout près du rivage à la pointe de Sallenelles, à l'embouchure de l'Orne (Calvados), dans l'été de 1825. [Etudié par Eudes-Deslongchamps et cité par Eugène Eudes-Deslongchamps dans ses *Observat. sur quelques Dauphins appartenant à la section des Zyphidés*

---

1. Etienne Geoffroy-Saint-Hilaire et Frédéric Cuvier. — *Histoire naturelle des Mammifères*, avec texte et fig. en couleur. Paris 1819-1835, impr. de F. Didot, et chez Belin et Blaise, 3 vol. ou 60 livr. de 6 pl. lithogr. et color.

etc., p. 172. — Tir. à part, p. 7. (Voir Bibliogr.). Son squelette, incomplet, monté, est conservé au Muséum de la
Faculté des Sciences de Caen]. [Observat. — L'individu
échoué près de la redoute de Merville, à l'embouchure de
l'Orne (Calvados), cité par Eudes-Deslongchamps dans sa
Note sur l'échouement de Delphinus melas, etc., p. 124
(Voir Bibliogr.), doit être l'individu précédent].

3ᵉ Famille. *BALAENIDAE* — BALEINIDÉS.

1ᵉʳ Genre. *BALAENOPTERA* — RORQUAL.

1. **Balaenoptera rostrata** O.-F. Müll. — Rorqual à
   museau pointu.

Balaena rostrata O.-F. Müll., O. Fabr., (*nec* Chemn.).
Balaenoptera acuto-rostrata Lacép.
Balaenoptera rostrata Gray (*nec* Rudolphi).
Pterobalaena minor Eschricht.
Rorqualus minor Knox.

Baleine d'été; B. naine.
Baleinoptère à bec; B. à museau pointu.
Rorqual rostré.

Van Beneden et Gervais. — *Op. cit.*, p. 146; pl. XII et XIII,
     fig. 1-10.
Fischer. — *Op. cit.*, p. 85; fig. 5 de la p. 87; pl. I, fig.
     2 et 2ª, pl. II, fig. 5, et pl. III, fig. 1, 2 et 3.
Trouessart. — *Op. cit.*, p. 320 et 321; fig. 132.

Le Rorqual à museau pointu habite particulièrement au
large, mais il vient quelquefois dans le voisinage des côtes.
Il vit ordinairement solitaire, en dehors de l'époque du
rut, et s'approche parfois des navires, même dans les rades.
Sa nourriture se compose de Poissons et d'autres animaux

marins. Chaque portée est habituellement d'un seul, rarement de deux petits. La durée de la gestation est de onze à douze mois; d'après Eschricht, elle est de dix mois. La parturition a lieu en novembre et peut-être à d'autres époques.

Voici les documents que j'ai pu recueillir, relativement à la présence du Rorqual à museau pointu sur les côtes de la Normandie :

Un jeune individu pris aux environs de la rade de Cherbourg, en avril 1791. Cet individu était venu se jeter dans des filets. [Il a été cité et décrit par Lacépède[1]].

Un individu échoué vivant au Havre, sur le banc de la Tête noire, le 10 octobre 1852. [Un dessin de cet individu se trouve dans la collection des vélins du Muséum d'Histoire naturelle de Paris].

Une jeune femelle capturée au large dans la Manche, le 15 mai 1885, par un bateau de pêche de Fécamp. [Citée par Lennier, van Beneden et Beauregard. (Voir Bibliogr.)]. [Le squelette complet et la peau montés de cet animal sont conservés au Muséum d'Histoire naturelle du Havre]. [Observat. — Ce Baleineau ayant été capturé au large dans la Manche, ne devrait peut-être pas, en réalité, figurer dans la faune de la Normandie; mais comme il a été pris dans les filets d'un bateau de pêche de Fécamp « Le Gaulois » et qu'il fait partie des collections du Muséum d'Histoire naturelle du Havre, j'ai cru devoir le mentionner dans cette faune, en accompagnant cette indication de l'observation explicative qui précède].

2. **Balaenoptera musculus** L. — Rorqual de la Méditerranée.

Balaena antiquorum Fischer.

---

1. Lacépède. — *Histoire naturelle des Cétacées*. Paris, Plassan, au XII de la République (1803-1804), p. 134 et 140.

Physalus antiquorum Gray.
Pterobalaena communis Eschricht.

Baleine des anciens.
Baleinoptère de la Méditerranée.
Rorqual des anciens.

VAN BENEDEN et GERVAIS. — *Op. cit.*, p. 167; pl. XII et
   XIII, fig. 11-14, 14', 15, 15'-24.
FISCHER. — *Op. cit.*, p. 68; fig. 2 de la p. 77; pl. I, fig.
   3 et 3ª, pl. II, fig. 4, et pl. III, fig. 12-17.
TROUESSART. — *Op. cit.*, p. 321 et 324; fig. 131 et 134.

Le Rorqual de la Méditerranée habite toujours au large
des côtes, et paraît vivre solitaire en dehors de l'époque du
rut. Sa nourriture se compose de Poissons, de Crustacés, de
Méduses et d'autres petits animaux marins. Chaque portée
est d'un et peut-être parfois de deux petits. Les autres détails
de sa reproduction sont inconnus.

Voici les documents que j'ai pu recueillir, relativement
aux échouements du Rorqual de la Méditerranée sur les côtes
de la Normandie :

Un individu pris à l'embouchure de la Seulles (Calvados), en ? [Cité par du Moulin[1]. — *Histoire générale de
Normandie*, p. 16].

Deux jeunes individus échoués à Isigny (Calvados), en

---

1. Gabriel du Moulin. — *Histoire générale de Normandie*. Rouen,
J. Osmont, 1631.
   Voici le renseignement en question :
   « Seulle prenant sa source....., et fait un haure en la mer, où jadis fut
prise une Baleine d'une grandeur admirable ».
                  « A Bernieres sur la mer
                  Fut prise la grand Baleine
                  De cinquante pieds de lay
                  La longueur n'est pas vilaine ».
   Fischer (*Op. cit.*, p. 71), se basant sur la longueur de l'animal ou peut-
être sur d'autres renseignements, considère cet individu comme un
Balaenoptera musculus L.

1830. [Cités par Eudes-Deslongchamps dans sa *Note sur l'échouement de Delphinus melas*, etc., p. 124, et par Fischer. — *Op. cit.*, p. 72. (Voir Bibliogr.)]. [La tête osseuse de l'un de ces Cétacés est conservée au Muséum de la Faculté des Sciences de Caen].

Un individu échoué au Tréport (Seine-Inférieure), en 1840. [Cité par van Beneden et Gervais. — *Op. cit.*, p. 175, et par Fischer. — *Op. cit.*, p. 72].

Un jeune individu échoué près de Saint-Vigor, dans l'estuaire de la Seine, en novembre 1847. [Cité par van Beneden et Gervais. — *Op. cit.*, p. 175]. [Le squelette complet et la peau montés de cet animal sont conservés au Muséum d'Histoire naturelle de Paris].

Un mâle trouvé mort à quelques lieues au large du Havre, le 20 novembre 1869, et remorqué par des pêcheurs anglais à deux milles à l'Est de Portsmouth. [Etudié par Flower et cité par van Beneden dans une note intitulée : *Une Balaenoptera musculus capturée dans l'Escaut*, in Bull. de l'Acad. royale des Scienc., des Lettres et des Beaux-Arts de Belgique, 39° ann., 1870, Bruxelles, 1870, p. 321]. [Fischer (*Op. cit.*, p. 72) donne pour date : 1868].

Un mâle non adulte échoué sur la côte du Calvados, à la limite des communes de Langrune-sur-Mer et de Luc-sur-Mer, dans la nuit du 13 au 14 janvier 1885. [Le squelette absolument complet et monté de cet animal est conservé au Muséum de la Faculté des Sciences de Caen]. [Voir, au sujet de cet animal, les renseignements publiés par Deniker, Jouan (*Note sur quelques Cétacés*, etc. et *Lettre sur le Baleinoptère de Luc-sur-Mer*), Tissandier, et Anonyme (*Le Balaenoptera musculus de Langrune*), renseignements indiqués dans la Bibliogr.].

Observat. — Fischer indique (*Op. cit.*, p. 72), d'après un manuscrit de Le Boullenger, l'échouement d'un individu de cette espèce à Veulettes (Seine-Inférieure), en 1806. Selon moi, le renseignement donné dans ce manuscrit (Achilles-

Jean Le Boullenger. — *Voyage dans le département de la Seine-Inférieure, exécuté en 1807,* avec 9 planch., p. 57. — Biblioth. publique municipale de Rouen) est beaucoup trop vague pour qu'on puisse en tirer une conclusion quelconque, au point de vue spécifique et même générique. Ne voulant publier que des renseignements aussi exacts que possible, je ne mentionnerai pas l'échouement en question.

Les auteurs s'accordent à dire que les Basques ont fait la pêche de la Baleine, désignée par les naturalistes sous le nom de Baleine des Basques (*Balaena biscayensis* Eschricht), dans la Manche, dans le golfe de Gascogne et sur les côtes d'Espagne, dès le ixe ou xe siècle; mais, depuis plusieurs siècles, il n'a été vu dans la Manche, à ma connaissance du moins, aucun individu de cette espèce. Ne possédant pas une seule indication quelque peu exacte, relativement à la présence de la Baleine des Basques sur les côtes de la Normandie, j'ai cru devoir passer cette espèce sous silence, jusqu'au jour où un échouement ou une capture de ce Cétacé sur le littoral normand, très-problématique d'ailleurs, permettrait d'inscrire avec certitude la Baleine des Basques dans la faune de la Normandie.

APPENDICE.

Dans l'introduction à ma *Faune de la Normandie*, j'ai dit (p. 126) que cette faune serait exclusivement consacrée à la zoologie pure; en conséquence, aucune question relative à l'utilité ou à la nocivité des espèces animales n'y devra prendre place.

L'état que je donne ici n'a donc nullement pour but de faire connaître, au point de vue économique, la quantité de Loups et de Sangliers détruits en Normandie, par les Lieutenants de Louveterie, depuis l'année de chasse 1870-71 jusqu'à l'année 1886-87 inclus, mais il a pour unique objet de fournir quelques renseignements sur la présence, dans chacun des cinq départements composant aujourd'hui la Normandie, de ces deux espèces animales dont les mœurs sont essentiellement errantes.

Les totaux indiqués sont évidemment inférieurs au nombre exact des individus de ces deux espèces détruits en Normandie, depuis 1870-71 jusqu'en 1886-87 inclus, puisque quelques Loups et un très-grand nombre de Sangliers ont été tués en dehors de l'action des Lieutenants de Louveterie, par des chasseurs, des gardes et des particuliers; toutefois, cet état fournit une nouvelle preuve des deux faits suivants, déjà bien connus, mais que je désirais rappeler ici :

1° Les Loups qui, jadis, comme en témoignent différents récits, étaient assez communs en Normandie, où ils apparaissaient parfois sur certains points en bandes nombreuses et commettaient d'importants dégâts, ne viennent plus dans cette province, depuis longtemps déjà, que d'une façon tout à fait accidentelle, soit isolément, soit en très-petit nombre;

2° Les Sangliers, malgré leur incessante destruction en Normandie, sont encore nombreux dans cette province, où ils exécutent de continuelles pérégrinations, par suite de leur multiplication assez grande.

L'état suivant m'a été fourni, avec la plus grande obligeance, par M. Sanson, Garde général des Forêts, à Rouen. Je lui en témoigne ici ma gratitude sincère.

ÉTAT des Loups et des Sangliers détruits en Normandie, depuis 1870-71 jusqu'à 1886-87 inclus, par les Lieutenants de Louveterie.

ANNÉES DE CHASSE.	SEINE-INFre.		EURE.		CALVADOS.		ORNE.		MANCHE.	
	Loups.	Sangliers.	Loups.	Sangliers.	Loups.	Sangliers.	Loups.	Sangliers.	Loups.	Sangliers.
1870—71	»	9	»	3	»	»	»	17	»	»
1871—72	»	54	»	46	»	»	»	»	»	»
1872—73	»	31	»	22	»	»	1	19	»	»
1873—74	»	27	»	24	»	5	»	34	»	»
1874—75	»	54	»	22	»	11	1	5	»	»
1875—76	»	81	»	5	5	2	»	26	»	»
1876—77	»	98	»	71	»	7	3	90	»	»
1877—78	1	163	»	129	»	23	10	26	6	1
1878—79	»	127	»	147	»	10	4	31	»	2
1879—80	»	144	»	104	»	24	1	49	»	1
1880—81	»	325	»	71	»	23	4	23	»	1
1881—82	»	161	»	65	»	28	»	40	»	»
1882—83	»	198	»	54	»	23	»	26	»	»
1883—84	»	169	»	76	»	19	»	17	»	»
1884—85	»	192	»	64	»	32	»	95	»	»
1885—86	»	123	»	79	»	46	»	38	»	»
1886—87	»	267	6	41	»	24	»	35	»	30
TOTAUX.	1	2.223	6	1.026	5	277	24	571	6	35

N. B.— Ces renseignements sont extraits des relevés fournis au Service des Forêts par les Lieutenants de Louveterie.

ADDENDA ET ERRATA.

Aux noms des personnes obligeantes qui m'ont fourni d'importants documents pour la rédaction de ma faune des Mammifères de la Normandie, noms que j'ai indiqués dans la préface de cette faune (p. 135), je suis heureux d'ajouter celui de M. Raoul Le Sénéchal, de Caen.

P. 143, l. 29. — Je dois à M. Ernest Olivier la fort intéressante observation suivante, relative à la biologie de l'Oreillard commun (*Plecotus auritus* L.), observation qu'il m'a communiquée par lettre, en mars 1888.

Au commencement de juin, j'ai trouvé, écrit-il, dans la grotte de Baume-les-Messieurs (Jura), un nombre considérable d'Oreillards dont les femelles portaient toutes un jeune suspendu à leur mamelle. J'ai pu constater là un fait qui n'a peut-être pas encore été observé, c'est que les femelles d'Oreillards sont des nourrices plutôt que des mères; car, lorsqu'elles étaient suspendues en grappe l'une après l'autre, les petits couraient sur le corps des mères et s'accrochaient tantôt à l'une, tantôt à l'autre, et la mère prenait son vol emportant indifféremment un jeune quelconque.

P. 144, l. 20. — Dans les ouvrages où j'ai puisé des renseignements pour rédiger le paragraphe concernant la biologie de la Barbastelle commune (*Barbastellus communis* Gray) [Trouessart. — *Op. cit.*, p. 26; Fatio. — *Op. cit.*, p. 48; Gentil. — *Op. cit.*, p. 21; tir. à part, p. 7], il est dit que cette espèce vit toujours ou presque toujours isolée. Or, la *Faune du Doubs*, par Ernest Olivier[1], contient l'in-

---

1. Ernest Olivier. — *Faune du Doubs ou Catalogue raisonné des animaux sauvages (Mammifères, Reptiles, Batraciens, Poissons) observés jusqu'à ce jour dans ce département*, in Mém. de la Soc. d'Emulation du Doubs, 5ᵉ sér., t. VII, 1882, Besançon, p. 83. — Tir. à part, Besançon, Dodivers et Cⁱᵉ, 1883, p. 13.

téressante observation contradictoire qui suit, dont l'exactitude m'a été confirmée par ce savant zoologiste, dans une note manuscrite :

Barbastelle commune.

« J'ai trouvé cette espèce en grand nombre dans toutes les grottes des environs de Besançon; elle est également commune dans la montagne. Elle ne se suspend pas, mais se glisse entre les fissures des rochers où elle demeure couchée sur le ventre. Elle paraît s'engourdir moins profondément que les autres Chéiroptères; car, à quelque saison que ce soit, elle s'agite et se met à crier dès qu'elle voit de la lumière ».

P. 146, l. 8. — Au lieu de p. 17, lire p. 18.

P. 158, l. 1. — Crocidure leucode (*Crocidura leucodon* Herm.).

A la page 158 de cette faune mammalogique, j'ai dit que jusqu'à ce jour, du moins à ma connaissance, la Crocidure leucode n'avait pas été trouvée en Normandie, mais qu'il est fort probable que des recherches attentives la feraient découvrir prochainement dans cette province.

En compulsant de très-nombreux volumes pour la rédaction définitive de la bibliographie mammalogique normande, j'ai trouvé un renseignement qui permet d'affirmer que la Crocidure leucode fait partie véritablement de la faune de la Normandie.

Voici ce renseignement, dû à M. Albert Fauvel, de Caen. Il s'agit ici, comme on pourra le constater dans les ouvrages de systématique, non point d'un cas d'albinisme partiel de la Crocidure musette (*Crocidura araneus* Schreb.), mais d'un individu normal de la Crocidure leucode (*Crocidura leucodon* Herm.) :

« M. Fauvel[1] montre un spécimen de Musaraigne commune atteint d'albinisme presque complet. Il a été trouvé mort dans un jardin, à Venoix, près Caen.

« Ce petit Mammifère, connu dans nos campagnes sous le nom de *Miserette* ou *Musette*, a été trouvé mort, à la fin de décembre dernier (1862), dans un jardin des environs de Caen. Son pelage qui, chez les individus ordinaires, est d'un brunâtre gris en dessus et cendré en dessous, est devenu d'un blanc pur argenté, à l'exception d'une sorte de petit manteau qui a conservé la couleur ordinaire. Ce manteau couvre tout le dos; il est coupé droit en avant à la hauteur des membres antérieurs; en arrière, il forme un angle droit dans son milieu et s'arrête à peu près au-dessus des pattes. Il ne dépasse pas le milieu des flancs qui, du côté gauche, passent au grisâtre.

« Ce cas d'albinisme est surtout curieux en ce sens que le brun et le blanc du pelage sont séparés d'une manière très-nette, et qu'on ne voit, sur la partie brune, aucune trace de poils blancs ou grisâtres, qui indique que la décoloration des poils se faisait graduellement et de proche en proche, comme on l'observe d'ordinaire, mais par touffes ou par plaques; il est probable que si la dent implacable des Chats eût épargné quelques semaines encore notre pauvre *Sorex*, sa livrée albine eût été complète de la tête aux pieds ».

Observat. — Il y a, parmi les zoologistes, deux avis contraires, relativement à la validité spécifique de la *Crocidura leucodon* Herm. Les uns, entre autres Holandre, Edmond de Selys-Longchamps, J.-H. Blasius, Paul Bert, Alphonse de la Fontaine, Victor Fatio, etc., considèrent la *Crocidura leucodon* comme une bonne espèce, distincte de la *Crocidura araneus* Schreb.; les autres, tels que de Blainville, Fernand Lataste, la regardent comme une variété de la

1. Bull. de la Soc. linn. de Normandie, ann. 1862-1863, p. 49. (Voir Bibliogr.).

Crocidura araneus. Mon incompétence en cette matière m'interdit de me prononcer pour ou contre, dans ce débat de science systématique.

Si l'on considère la *Crocidura leucodon* comme un type spécifique, le nombre des espèces d'Insectivores sauvages normands est porté à 7, et le nombre total des espèces mammalogiques sauvages de la Normandie s'élève à 60. Le nombre total de 59, que j'ai donné dans la préface de cette faune mammalogique (p. 134), reste évidemment le même si la *Crocidura leucodon* n'est qu'une variété de la *Crocidura araneus.*

P. 164, l. 9. — Ajouter : Ecureu.

P. 176, l. 6. — Le nid du Rat nain (*Mus minutus* Pall.), d'après des observateurs, n'est pas constamment sphérique, mais parfois en ovale allongé ou en forme de poire, et il est souvent garni à l'intérieur de pétales de fleurs, de chatons ou de la matière duveteuse de certaines plantes. (E. Oustalet. — *Le Rat des moissons*, in La Nature, Paris, n° 221, 25 août 1877, p. 208, avec 1 fig.).

P. 179.—**Arvicola agrestis** L.— Campagnol agreste.

Arvicola arvalis Sund. (*nec* Pall. (*Mus*), *nec* Bonap.).
Lemmus insularis Nilss.
Microtus agrestis L.
Mus gregarius L.

DE LA FONTAINE. — *Op. cit.*, p. 88.
FATIO. — *Op. cit.*, p. 238 et 259; pl. VI, fig. 16. (Var.).
TROUESSART. — *Op. cit.*, p. 155, 172 et 175; fig. 72 : 14, 15, 19 et 20, et fig. 75.

Le Campagnol agreste habite particulièrement les forêts et les bois, de préférence ceux qui sont un peu humides. Il se trouve aussi dans les terrains moins couverts, dans les prairies humides et au bord des eaux. Sa demeure consiste en des terriers très-étendus, d'ordinaire peu profonds et pourvus de plusieurs ouvertures, qu'il creuse en terre. C'est un animal très-sociable. Ses mœurs sont autant diurnes que nocturnes; toutefois, il est plus actif au crépuscule. Sa nourriture se compose de racines, de bulbes, d'herbes, de graines, etc. La femelle fait annuellement de trois à quatre portées, chacune de quatre à huit petits. La durée de la gestation est sans doute de vingt jours, comme celle de la gestation du Campagnol des champs (*Arvicola arvalis* Pall.), avec lequel il a de très-grands rapports; mais je n'ai pas trouvé de renseignement précis à cet égard, dans les ouvrages que j'ai consultés. La parturition a lieu du printemps jusqu'en automne, et se fait dans un nid arrondi, composé de mousses et de feuilles, et placé dans son terrier ou dans l'herbe à la surface du sol.

Je ne connais qu'une seule indication relative à l'existence du Campagnol agreste en Normandie : celle de la capture, faite par moi, d'un individu de cette espèce, au bord d'une mare, dans la forêt de Roumare, près de Rouen, le 28 mai 1885. A n'en point douter, selon moi, le Campagnol agreste doit exister sur beaucoup de points de la Normandie, et si je ne puis signaler qu'une seule localité de cette province où on l'ait pris, c'est par suite de l'état très-précaire dans lequel sont restées jusqu'à aujourd'hui les recherches et les études de mammalogie normande.

Observat. — Il y a, parmi les zoologistes, deux avis contraires, relativement à la validité spécifique de l'*Arvicola agrestis* L. Les uns, entre autres J.-H. Blasius, Alphonse de la Fontaine, Victor Fatio, Fernand Lataste, etc., considèrent l'*A. agrestis* comme une bonne espèce, distincte du Campagnol des champs (*Arvicola arvalis* Pall.); les autres, tels que E.-L. Trouessart (d'après les travaux de Winge et de Walter Elliot), regardent l'*A. agrestis* comme une variété de l'*A. arvalis*. En outre, il paraît difficile, en ce dernier cas, de décider, dans ces deux formes si voisines (*A. agrestis* et *A. arvalis*), quel est le type et quelle est la variété. Mon incompétence en cette matière m'interdit de me prononcer pour ou contre, dans cette question de science systématique.

Si l'on considère la Crocidure leucode (*Crocidura leucodon* Herm.) et le Campagnol agreste (*Arvicola agrestis* L.), comme deux espèces valides, le nombre des Insectivores sauvages normands est porté à 7, et celui des Rongeurs à 15, et le nombre total des espèces mammalogiques sauvages de la Normandie s'élève à 61. Par contre, le nombre total de 59, que j'ai donné dans la préface de cette faune mammalogique (p. 134), reste évidemment le même si les *Crocidura leucodon* et *Arvicola agrestis* sont considérés comme des variétés de la Crocidure musette (*Crocidura araneus* Schreb.) et du Campagnol des champs (*Arvicola arvalis* Pall.). [Peu importe, dans cette dernière considération, que l'*A. agrestis* soit le type et l'*A. arvalis* la variété, ou réciproquement].

P. 184, 1. 13. — Ajouter : Il peut nager, mais ne se met jamais à l'eau sans y être forcé.

BIBLIOGRAPHIE DES MAMMIFÈRES
DE LA NORMANDIE[1].

ANONYME. — *Notice descriptive de la Baleine prise au Havre-de-Grâce, le 10 octobre 1852, et exposée à Paris, place du Château-d'Eau, boulevard Saint-Martin.* Paris, 1853. [*Balaenoptera rostrata* O.-F. Müll.].

ANONYME. — *Le Balaenoptera musculus de Langrune*, in Revue scientifique, Paris, n° du 31 janvier 1885, p. 158.

BAUSSARD. — *Mémoire sur deux Cétacées échoués vers Honfleur, le 19 septembre 1788*, in Observat. sur la Physique, sur l'Hist. natur. et sur les Arts, Journal de Physique, Paris, t. XXXIV, mars 1789, p. 201; pl. I, fig. 1-3, et pl. II, fig. 4. [*Hyperoodon rostratus* Chemn.].

BEAUREGARD, H. — *Note sur une jeune Balaenoptera capturée près de Fécamp (B. rostrata)*, in Compt. rend. hebdom. des séanc. et mém. de la Soc. de Biologie, Paris, 8° sér., t. II, 1885, n° 40, p. 687. [*Balaenoptera rostrata* O.-F. Müll.].

BENEDEN, P.-J. van. — *Sur la Baleine pêchée le 15 mai 1885 par le bateau Le Gaulois, de Fécamp*, in Bull. de l'Acad.

---

1. Cette Bibliographie renferme particulièrement les travaux et notes de chorologie normande et non ceux d'embryologie, d'anatomie, d'histologie, de physiologie, de tératologie, d'économie politique, de vulgarisation, de sport, etc., relatifs aux animaux sauvages de la Normandie, car ces travaux concernent l'histoire naturelle générale et ne seraient pas à leur place dans un ouvrage exclusivement faunique. J'ajouterai que j'ai indiqué avec un soin tout particulier les travaux originaux, auxquels on doit toujours se reporter lorsqu'il s'agit d'études sérieuses et approfondies.

royale des Scienc., des Lettres et des Beaux-Arts de Belgique, Bruxelles, 55ᵉ ann., 1885, p. 582. [*Balaenoptera rostrata* O.-F. Müll.].

BLAINVILLE, H. de. — *Note sur un Cétacé échoué au Havre, et sur un Ver trouvé dans sa graisse*, in Nouv. Bull. des Scienc., par la Soc. philomat. de Paris, ann. 1825, p. 139. [*Mesoplodon Sowerbyensis* Blainv.].
  [Reproduit in L.-F. von Froriep. — Notizen aus dem Gebiete der Natur- und Heilkunde, Erfurt et Weimar, n° 256 (n° 14 du t. XII), décembre 1825, p. 212; et in Bull. des Scienc. natur. et de Géologie, Paris, t. VII, 1826, p. 370.

BOUCHARD, Charles. — *Faune du canton de Gisors (Eure)*, in Charpillon. — *Gisors et son canton (Eure). Statistique, Histoire*. Les Andelys, Delcroix, 1867. [Mammifères, p. 17]. [Dans cet ouvrage, la partie faunique ne renferme pas le nom de Charles Bouchard, qui m'a dit en être l'auteur].

CHESNON, C.-G. — *Essai sur l'Histoire naturelle de la Normandie*. 1ʳᵉ partie. Quadrupèdes et Oiseaux, avec 7 planch. Bayeux, C. Groult; Paris, Lance; 1834. [Il a été publié une autre édit. du même ouvrage sous le titre : *Essai sur l'Histoire naturelle*, avec 6 planch. (Même pagination que le précédent). Bayeux, C. Groult; Paris et Lyon, Perisse frères; 1835].

DENIKER, J. — *Le Baleinoptère de Luc-sur-Mer*, in Science et Nature, Paris, n° 62, 31 janvier 1885, p. 158; et n° 63, 7 février 1885, p. 161, avec 1 fig. [*Balaenoptera musculus* L.].

DOUTTÉ, E. — *Promenade d'un Naturaliste à Saint-Amand-des-hautes-Terres (Eure)*, in Feuille des Jeunes Naturalistes, Paris, nᵒˢ 159 et 160, 1ᵉʳ janvier et 1ᵉʳ février 1884, p. 25 et 44. [Plusieurs renseign. mammalogiques, p. 26 et 45].

EUDES-DESLONGCHAMPS. — *Remarques zoologiques et ana-tomiques sur l'Hyperoodon*, in Mém. de la Soc. linn. de Normandie, Caen, Paris et Rouen, ann. 1839-1842, p. 1; pl. I, fig. 1-9. [*Hyperoodon rostratus* Chemn.].

EUDES-DESLONGCHAMPS. — *Sur un Hyperoodon échoué dans l'automne de 1852, sur la côte d'Isigny*, in Mém. de la Soc. linn. de Normandie, Caen, Paris et Rouen, ann. 1854-1855, p. IX. [*Hyperoodon rostratus* Chemn.].

EUDES-DESLONGCHAMPS. — *Note sur l'échouement de Del-phinus melas, et sur les habitudes de ce Cétacé*, in Bull. de la Soc. linn. de Normandie, Caen, ann. 1855-1856, p. 121. [*Globicephalus melas* Traill].

EUDES-DESLONGCHAMPS, Eugène. — *Observations sur quelques Dauphins appartenant à la section des Zyphidés et description de la tête d'une espèce de cette section nouvelle pour la faune française*, in Bull. de la Soc. linn. de Normandie, Caen et Paris, ann. 1864-1865, p. 168. — Tir. à part, Caen, F. Le Blanc-Hardel, 1866. [Paginat. spéciale].

FAUVEL, Albert. — *Note sur un spécimen de Musaraigne commune atteint d'albinisme presque complet, trouvé mort dans un jardin, à Venoix, près Caen, en décembre 1862*, in Bull. de la Soc. linn. de Normandie, Caen et Paris, ann. 1862-1863, p. 49.

[Ce spécimen n'est pas un individu atteint d'albinisme, mais un individu normal de la Crocidure leucode (*Cro-cidura leucodon* Herm.), considérée par certains auteurs comme une espèce distincte, et par d'autres comme une variété de la Crocidure musette (*Crocidura araneus* Schreb.)].

GADEAU DE KERVILLE, Henri. — *Sur un Orque Epaulard pêché aux environs du Tréport*, in Compt. rend. hebd.

des séanc. de l'Acad. des Sciences, Paris, 2° sem. 1883,
t. XCVII, (séance du 31 décembre 1883), p. 1569. —
Tir. à part, Paris, Gauthier-Villars. [Note des plus
succinctes].

[C'est par le fait d'une erreur typographique que les
Compt. rend. de l'Acad. des Sciences (*loc. cit.*) disent
que chacune des deux mâchoires de l'animal était garnie
de trente-deux grosses dents, leur nombre étant en
réalité de vingt-deux à chaque mâchoire. Du reste,
cette erreur a été indiquée dans ces mêmes Compt. rend.,
1er sem. 1884, t. XCVIII, (séance du 14 janvier 1884),
p. 120. — L'erreur en question n'existe pas dans le tir.
à part].

GADEAU DE KERVILLE, Henri. — *Note sur un Orque
Epaulard pêché aux environs du Tréport,* in Bull. de
la Soc. des Amis des Scienc. natur. de Rouen, 1er sem.
1884, p. 105. — Tir. à part, Rouen, L. Deshays, 1884.
[Même paginat.]. [Ce travail est le développement de la
note précédente].

[Un résumé de cette *Note sur un Orque Epaulard,* etc.
a été publié in Bull. de la Soc. d'Etude des Scienc.
natur. d'Elbeuf, 1er sem. 1884, p. 59].

GADEAU DE KERVILLE, Henri. — *Aperçu de la faune actuelle
de la Seine et de son embouchure, depuis Rouen
jusqu'au Havre,* in G. Lennier[1]. — *L'Estuaire de la
Seine,* t. II., p. 168.— Tir. à part, Le Havre, imprim. du
journal *Le Havre,* 1885. [Même paginat.]. [Mammifères,
p. 195].

JOSEPH-LAFOSSE, P. — *Lettre relative à l'échouement d'un
Cétacé femelle du genre Dauphin, dans la baie des
Veys (Manche), au commencement de novembre 1858,*

1. Voir Lennier; p. 241.

in Bull. de la Soc. linn. de Normandie, Caen et Paris,
ann. 1858-1859, p. 10. [*Hyperoodon rostratus* Chemn.].

Jouan, Henri. — *Les Orques*, in Science et Nature, Paris,
n° 53, 29 novembre 1884, p. 401; fig. 1 et 2.
[Cet article parle et donne une figure de l'Orque
épaulard, du Tréport, au sujet duquel j'ai publié trois
notes distinctes, indiquées dans cette bibliographie; mais
il a reproduit l'erreur mentionnée ci-dessus, relativement
au nombre des dents de cet animal].

Jouan, Henri. — *Lettre sur le Baleinoptère de Luc-sur-
Mer*, in Science et Nature, Paris, n° 66, 28 février 1885,
p. 223. [*Balaenoptera musculus* L.].

Jouan, Henri. — *Note sur quelques Cétacés capturés ou
échoués sur les côtes de l'Europe, de 1879 à 1885*, in
Mém. de la Soc. nation. des Scienc. natur. et mathémat.
de Cherbourg, Cherbourg et Paris, t. XXIV, p. 305. —
Tir. à part, Cherbourg, C. Syffert. [Même paginat.].

Lennier, G. — *L'Estuaire de la Seine*, 2 vol. et 1 atlas de
32 planch. Le Havre, imprim. du journal *Le Havre*
(E. Hustin), 1885. [Mammifères, t. II, p. 150].

Lennier, G. — *Baleine pêchée par un bateau de Fécamp*,
in La Nature, Paris, n° 649, 7 novembre 1885, p. 368,
avec 1 fig. [*Balaenoptera rostrata* O.-F. Müll.].

Le Sénéchal, R. — *Catalogue des animaux recueillis au
Laboratoire maritime de Luc, pendant les années 1884
et 1885*, in Bull. de la Soc. linn. de Normandie, Caen et
Paris, ann. 1884-1885, p. 91. [*Phocaena communis*
F. Cuv., p. 117].

Pucheran. — *Notices mammalogiques*, in Revue et Magas.
de Zoologie pure et appliquée, Paris, 2ᵉ sér., t. VIII,
1856, p. 545; pl. XXV. [*Delphinus marginatus* Duvern.

16.

— C'est Pucheran qui a décrit cette espèce, en conservant le nom proposé par Duvernoy].

Tissandier, Gaston. — *Une Baleine échouée à Luc-sur-Mer* (*Calvados*), in La Nature, Paris, n° 610, 7 février 1885, p. 160, avec 1 fig. [*Balaenoptera musculus* L.]

TABLE ALPHABÉTIQUE [1]

DES NOMS LATINS, FRANÇAIS ET VULGAIRES, DES ESPÈCES CITÉES

DANS LA FAUNE DES MAMMIFÈRES DE LA NORMANDIE.

---

1. Je n'indique dans cette table pour ne lui pas donner une extension trop grande, sauf un petit nombre d'exceptions, que les noms génériques et spécifiques, latins et français, imprimés en caractères saillants, et les noms vulgaires les plus importants.

Nombre de pages de ce travail : 130.

BELETTE VISON (*MUSTELA LUTREOLA* L.).

Individu femelle, pris à Corneville-sur-Risle (Eure), le 1ᵉʳ septembre 1879.

(Demi-grandeur naturelle).

ROUEN. IMP. J. LECERF.

ROUEN. — IMPRIMERIE J. LECERF.

www.ingramcontent.com/pod-product-compliance
Lightning Source LLC
Chambersburg PA
CBHW071912200326
41519CB00016B/4576